教育部大学计算机课程改革项目规划教材

丛书主编 卢湘鸿

大学计算机基础
实验指导

程晓锦 陈如琪 徐秀花 李业丽 编著

U0377976

清华大学出版社

北京

内 容 简 介

本书根据教育部《关于进一步加强高等学校计算机基础教学的意见暨计算机基础课程教学基本要求（试行）》，由承担课程教学的教师编写。本书是《大学计算机基础》的配套教材，为实验指导书，主要内容包括 Windows 7、办公自动化软件 Office 2013 应用和计算机网络基础。

本套教材在内容上注重对学生实际操作能力的培养，书中的实验选用典型实例，对每个实验都提供了操作提示，具有较强的系统性和实用性。通过对本书的学习，学生能熟练掌握计算机的基本操作。

本教材适合作为高等院校非计算机专业计算机基础课程教材，也可作为学生学习计算机信息技术的参考书。

为了方便读者，本书配有电子教案，需要者可到清华大学出版社网站下载或发送电子邮件索取，电子邮箱地址 xuxiuhua@bigc.edu.cn。

图书在版编目（CIP）数据

大学计算机基础实验指导/程晓锦等编著. —北京：清华大学出版社，2017（2022.7重印）
（教育部大学计算机课程改革项目规划教材）
ISBN 978-7-302-48034-1

Ⅰ．①大…　Ⅱ．①程…　Ⅲ．①电子计算机－高等学校－教学参考资料　Ⅳ．①TP3

中国版本图书馆 CIP 数据核字（2017）第 202018 号

责任编辑：谢　琛　李　晔
封面设计：常雪影
责任校对：胡伟民
责任印制：杨　艳

出版发行：清华大学出版社
　　　　　网　　　址：http://www.tup.com.cn，http://www.wqbook.com
　　　　　地　　　址：北京清华大学学研大厦 A 座　　　　　　　　**邮　　编：**100084
　　　　　社 总 机：010-83470000　　　　　　　　　　　　　　　**邮　　购：**010-62786544
　　　　　投稿与读者服务：010-62776969，c-service@tup.tsinghua.edu.cn
　　　　　质量反馈：010-62772015，zhiliang@tup.tsinghua.edu.cn
　　　　　课件下载：http://www.tup.com.cn，010-83470236
印 装 者：三河市少明印务有限公司
经　　销：全国新华书店
开　　本：185mm×260mm　　　　　　**印　张：**5.5　　　　　　**字　　数：**140 千字
版　　次：2017 年 10 月第 1 版　　　　**印　　次：**2022 年 7 月第 6 次印刷
定　　价：22.00 元

产品编号：075904-01

序

以计算机为核心的信息技术的应用能力已成为衡量一个人文化素质高低的重要标志之一。

大学非计算机专业开设计算机课程的主要目的是掌握计算机应用的能力以及在应用计算机过程中自然形成的包括计算思维意识在内的科学思维意识,以满足社会就业需要、专业需要与创新创业人才培养的需要。

根据《教育部关于全面提高高等教育质量的若干意见》(教高[2012]4号)精神,着力提升大学生信息素养和应用能力,推动计算机在面向应用的过程中培养文科学生的计算思维能力的文科大学计算机课程改革、落实由教育部高等教育司组织制订、教育部高等学校文科计算机基础教学指导委员会编写的高等学校文科类专业《大学计算机教学要求(第6版——2011年版)》(下面简称《教学要求》),在建立大学计算机知识体系结构的基础上,清华大学出版社依据教高司函[2012]188号文件中的部级项目1-3(基于计算思维培养的文科类大学计算机课程研究)、2-14(基于计算思维的人文类大学计算机系列课程及教材建设)、2-17(计算机艺术设计课程与教材创新研究)、2-18(音乐类院校计算机应用专业课程与专业基础课程系列化教材建设)的要求,组织编写、出版了本系列教材。

信息技术与文科类专业的相互结合、交叉、渗透,是现代科学技术发展趋势的重要方面,是新学科的一个不可忽视的生长点。加强文科类专业(包括文史法教类、经济管理类与艺术类)专业的计算机教育、开设具有专业特色的计算机课程是培养能够满足信息化社会对文科人才要求的重要举措,是培养跨学科、复合型、应用型的文科通才的重要环节。

《教学要求》把大文科的计算机教学,按专业门类分为文史法教类(人文类)、经济管理类与艺术类三个系列。大文科计算机教学知识体系由计算机软硬件基础、办公信息处理、多媒体技术、计算机网络、数据库技术、程序设计、美术与设计类计算机应用以及音乐类计算机应用8个知识领域组成。知识领域分为若干知识单元,知识单元再分为若干知识点。

大文科各专业对计算机知识点的需求是相对稳定、相对有限的。由属于一个或多个知识领域的知识点构成的课程则是不稳定、相对活跃、难以穷尽的。课程若按教学层次可分为计算机大公共课程(也就是大学计算机公共基础课程)、计算机小公共课程和计算机背景专业课程三个层次。

第一层次的教学内容是文科各专业学生应知应会的。这些内容可为文科学生在与专业紧密结合的信息技术应用方面进一步深入学习打下基础。这一层次的教学内容是对文科大学生信息素质培养的基本保证,起着基础性与先导性的作用。

第二层次是在第一层次之上,为满足同一系列某些专业共同需要(包括与专业相结合而不是某个专业所特有的)而开设的计算机课程。其教学内容,或者在深度上超过第一层次的教学内容中的某一相应模块,或者拓展到第一层次中没有涉及的领域。这是满足大文科不同专业对计算机应用需要的课程。这部分教学内容在更大程度上决定了学生在其专业中应用计算机解决问题的能力与水平。

第三层次,也就是使用计算机工具,以计算机软硬件为背景而开设的为某一专业所特有的课程。其教学内容就是专业课。如果没有计算机作为工具支撑,这门课就开不起来。这部分教学内容显示了学校开设特色专业课的能力与水平。

这些课程,除了大学计算机应用基础,还涉及数字媒体、数据库、程序设计以及与文史哲法教类、经济管理类与艺术类相关的许多课程。通过这些课程的开设,是让学生掌握更多的计算机应用能力,在计算机面向应用过程中培养学生的计算思维及更加宽泛的科学思维能力。

清华大学出版社出版的这套教育部部级项目规划教材,就是根据教高司函[2012]188号文件及《教学要求》的基本精神编写而成的。它可以满足当前大文科各类专业计算机各层次教学的基本需要。

对教材中的不足或错误,敬请同行和读者批评指正。

卢 湘 鸿

2014 年 10 月于北京中关村科技园

卢湘鸿　北京语言大学信息科学学院计算机科学与技术系教授,原教育部高等学校文科计算机基础教学指导分委员会副主任、秘书长,现任教育部高等学校文科计算机基础教学指导分委员会顾问、全国高等院校计算机基础教育研会文科专业委员会常务副主任兼秘书长,30 多年来一直从事非计算机专业的计算机教育研究。

前　言

随着计算机信息技术的迅速发展,信息技术不断地运用到人们的工作、学习以及日常生活中。掌握并运用计算机的基本知识是信息化社会对科技人才的基本要求。计算机信息技术基础已成为高等院校为进行计算机教育而开设的一门必修课程。

根据教育部高等学校计算机科学与技术教学指导委员会提出的“计算机基础课程教学基本要求”的指导意见,立足于推动高等学校计算机基础的教学改革和发展,适应信息社会对专业人才计算机知识的需求,我们组织编写了《大学计算机基础》教材。

根据本课程的特点,本套教材的内容分为两部分:第一部分为基本理论,共 7 章,讲述计算机和信息技术基础知识,主要内容包括计算机与信息社会、计算机系统的组成、Windows 7 基本操作、多媒体技术、计算机网络基础和办公自动化软件 Office 2013 及应用;第二部分为实验指导,共 5 章,主要内容包括 Windows 7、Word 2013、Excel 2013、PowerPoint 2013 和计算机网络实验。本书即第二部分,为《大学计算机基础》的配套教材。

本套教材在内容上注重对学生实际操作能力的培养,书中的实验选用典型实例,对每个实验都提供了操作提示,具有较强的系统性和实用性。通过对本课程的学习,学生能熟练掌握计算机的基本操作。

本教材适合作为高等院校非计算机专业计算机基础课程教材,也可作为学生学习计算机信息技术的参考书。

本书由程晓锦、陈如琪、徐秀花、李业丽编著,并得到了北京印刷学院计算机科学与技术专业全体教师的大力支持,在此深表感谢。

由于水平有限,书中难免有错误和不足之处,敬请读者指正。

编者
2017 年 3 月

目　录

第 1 章

Windows 7操作系统实验

1.1 Windows 7 的工作环境与基本操作

一、实验目的与要求

1. 掌握 Windows 7 的基本操作。
2. 熟悉 Windows 7 操作系统的桌面。
3. 熟悉对 Windows 7 的"开始"菜单和"任务栏"的操作。

二、实验内容及操作提示

1. Windows 7 的启动、注销和关闭。
（1）打开计算机并进入 Windows 7 系统。
（2）熟悉 Windows 7 桌面的组成。
（3）重新启动计算机。
2. 熟悉鼠标的基本操作。
（1）使用开始菜单启动"画图"程序。
（2）通过"计算机"的属性查看所使用的计算机系统信息。
（3）打开"回收站",选择其中的部分文件并删除。
3. 向 Windows 7 桌面添加元素。
（1）将"时钟""日历"等小工具放置到桌面上。
（2）在桌面上添加"网络"图标。
（3）在桌面上创建"资源管理器"的快捷方式。
4. 使用 Windows 7 的"开始"菜单和"任务栏"。
将"任务栏"外观设置为"锁定任务栏"和"自动隐藏任务栏"。

三、操作提示

1. Windows 7 的启动、注销和关闭

重新启动计算机有以下方法。

（1）单击"开始"菜单→"关机"右边的三角按钮 ▶ →"重新启动"命令按钮,如图 1-1 所示。

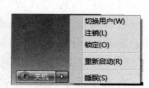

图 1-1 "关机"菜单

（2）当出现死机或其他无法关机的现象时，持续地按主机上的电源开关按钮几秒钟，片刻后主机会关闭，然后关闭显示器的电源开关。

2. 鼠标的基本操作

（1）使用开始菜单启动"画图"程序。

依次单击"开始"菜单按钮→鼠标移至"所有程序"→"附件"→"画图"，即可启动"画图"程序。

（2）通过"计算机"的属性查看所使用的计算机系统信息。

右击任务栏空白处，在快捷菜单中选择"显示桌面"命令，切换到桌面。选中桌面上的"计算机"图标右击，在其快捷菜单中选择"属性"命令，打开"系统信息"窗口，如图1-2所示。

图 1-2 "系统信息"窗口

（3）打开"回收站"，选择其中的部分文件并删除。

双击桌面上的"回收站"图标，打开"回收站"窗口，可以选择一个或多个文件，单击"文件"菜单，选择"删除"命令对文件进行删除。

3. Windows 7 桌面设置

（1）将"时钟""日历"等小工具放置到桌面上。

右击桌面空白处，在弹出的快捷菜单中单击"小工具"命令，打开"小工具"窗口，如图1-3所示，分别选中"日历"和"时钟"并右击，在快捷菜单中选择"添加"命令即可。

（2）在桌面上添加"网络"图标。

右击桌面空白处，在弹出的快捷菜单中单击"个性化"命令，打开"控制面板—个性化"窗口，如图1-4所示，单击左侧窗格中的"更改桌面图标"超链接，打开"桌面图标设置"对话框，

图 1-3 "小工具"窗口

如图 1-5 所示,选中"网络"复选框,然后单击"确定"按钮即可。

图 1-4 "控制面板—个性化"窗口

(3) 在桌面上创建"资源管理器"的快捷方式。

依次单击"开始"菜单按钮→"所有程序"→"附件",右击"计算器",在快捷菜单中单击"发送到桌面快捷方式"命令。

4. 设置"任务栏"属性

将"任务栏"外观设置为"锁定任务栏"和"自动隐藏任务栏"。

(1) 右击"任务栏"空白处,在弹出的快捷菜单中单击"属性"命令,打开"任务栏和「开始」菜单属性"对话框,如图 1-6 所示。

(2) 选中"任务栏"标签。选中"锁定任务栏"和"自动隐藏任务栏"复选框,然后单击"确定"按钮。

（3）单击"确定"按钮。

图 1-5　"桌面图标设置"对话框

图 1-6　"任务栏和「开始」菜单属性"对话框

1.2　Windows 7 的文件管理和磁盘管理

一、实验目的与要求

1. 掌握资源管理器的使用。
2. 掌握文件和文件夹的常用操作。
3. 掌握"回收站"的使用。

二、实验内容

1. 资源管理器的使用

（1）打开资源管理器。

（2）分别用缩略图、列表、详细信息等方式浏览文件目录。

（3）分别按名称、大小、文件类型和修改时间对文件进行排序，观察四种排序方式的区别。

（4）设置或取消文件夹的查看选项。

2. 文件和文件夹的常用操作

（1）在 D 盘根目录下建立一个名为 MyFile 的文件夹。

（2）使用搜索功能，查找指定的文件，例如，搜索所有文件名首字母为 A 的 Word 文档。

（3）选择其中的 5～10 个文档复制到 MyFile 文件夹中。

（4）在上面的文件中选择一个文件重命名。

（5）选择一个文件修改其属性为"隐藏"。

3. "回收站"的管理与使用

（1）更改"回收站"图标，设置"回收站"的最大占用空间为 200MB。
（2）在 MyFile 文件夹中选择 2～3 个文件并删除。

4. 磁盘管理

（1）使用"磁盘清理"工具清理磁盘上无用的文件。
（2）将"磁盘碎片整理"程序进行磁盘文件整理。

三、操作提示

1. 资源管理器的使用

（1）打开资源管理器。
可以用多种方法打开资源管理器。
方法一：单击"开始"菜单，选择"所有程序"→"附件"→"Windows 资源管理器"。
方法二：双击桌面上"计算机"图标。
方法三：单击任务栏中快速启动区的资源管理器图标  。
（2）分别用缩略图、列表、详细信息等方式浏览文件目录。

在资源管理器中，单击 的下三角按钮，展开如图 1-7 所示
菜单，单击菜单项即可选择不同的方式浏览文件目录。

（3）分别按名称、大小、文件类型和修改时间对文件进行排序，
观察四种排序方式的区别。

① 选择某个文件夹，双击打开该文件夹，例如选择"C：\
Program Files\Common Files\System"文件夹，按详细信息浏览文
件夹，则显示的窗口如图 1-8 所示。

图 1-7　浏览方式菜单

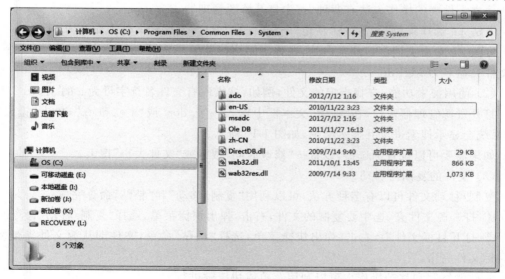

图 1-8　浏览文件窗口

② 只需单击文档窗口的标题，即可按名称、大小、文件类型和修改时间对文件进行排序。

（4）设置或取消文件夹的查看选项。

① 在如图 1-8 所示的窗口中，单击"工具"→"文件夹选项"命令，出现如图 1-9 所示对话框。

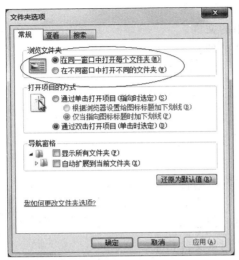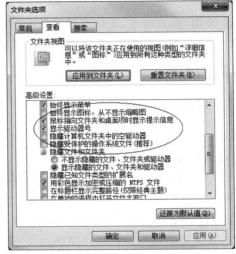

图 1-9　"文件夹选项"对话框

② 单击"常规"选项卡，可以设置"浏览文件夹"方式；单击"查看"选项卡，可以设置"隐藏文件夹和文件夹""隐藏已知文件类型的扩展名"等，通过这些设置对自己的文件进行保护处理。

2. 文件和文件夹的常用操作

（1）在 D 盘根目录下建立一个名为 MyFile 的文件夹。

建立文件夹的操作方法有两种，首先打开资源管理器，

方法 1：选择菜单"文件"→"新建"→"文件夹"命令，然后将文件夹命名为 MyFile。

方法 2：右击文档窗口的空白处，在弹出的快捷菜单中选择"新建"→"文件夹"命令，然后文件夹命名为 MyFile。

（2）使用搜索功能，查找指定的文件，例如，搜索所有文件名首字母为 a 的 Word 文档。

打开资源管理器窗口，在"搜索"文本框中输入"a＊.doc"或"a＊.docx"，单击"搜索"按钮，系统会显示搜索进度并显示结果，如图 1-10 所示。

如果需要可以设置筛选器，设置按"修改时间"搜索或"文件大小"搜索。

（3）文件的复制与移动。

复制/移动文件可以有多种方法，可以利用"复制/移动"和"粘贴"命令完成。

① 打开源文件夹，选中要复制的文件，右击，弹出快捷菜单，选择"复制/移动"命令。

② 打开目标文件夹，右击，弹出快捷菜单，选择"粘贴"命令，文件即从源文件夹被复制到目标文件夹中。

文件的复制和移动操作也可以利用菜单或快捷键进行。

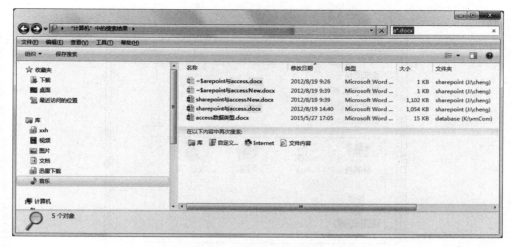

图 1-10　"搜索结果"窗口

（4）文件的重命名。

选择需要重命名的文件,右击,在弹出的快捷菜单中选择"重命名"命令,输入新的文件名即可完成。

（5）设置文件及文件夹的属性。

① 选中文件/文件夹,右击该文件/文件夹,选择"属性"命令,打开"属性"对话框,可以选择复选框设置文件/文件夹的"只读"或"隐藏"属性。

② 对于设置了文件属性的文件,可以通过设置或取消文件夹的查看选项,使文件隐藏或显示。

3."回收站"的管理与使用

（1）更改"回收站"图标,设置"回收站"的最大占用空间为 200MB。

① 右击桌面空白处,在快捷菜单中单击"个性化"命令,打开"个性化"窗口,单击"桌面图标设置"超链接,打开"桌面图标设置"窗口。

② 单击"自定义桌面"按钮,弹出"桌面图标设置"对话框,如图 1-11 所示。

③ 选择"回收站"图标,单击"更改图标"按钮,弹出"更改图标"对话框。

④ 选择所要使用的图标,单击"确定"按钮,更改图标操作成功,关闭所有对话框和窗口,返回到桌面状态。

⑤ 右击桌面上的"回收站"图标,在弹出的快捷菜单中,单击"属性"命令,弹出"回收站属性"对话框。

⑥ 调整"回收站的最大空间"为 200MB,然后单击"确定"按钮。

（2）文件的删除及还原。

① 文件的删除:选中要删除的文件,按 Delete 键或直接将文件拖入"回收站"或右击选择"删除"命令。若要从磁盘上彻底删除文件,可在"回收站"中,选择"清空回收站"或再次删除该文件。

② 被删除文件的还原:打开"回收站",选中要还原的文件,单击"还原此项目"。

图 1-11　"桌面图标设置"对话框

4．磁盘管理

（1）使用"磁盘清理"工具清理磁盘上无用的文件。

① 单击"开始"按钮→"所有程序"→"附件"→"系统工具"→"磁盘清理"，打开"磁盘清理：驱动器选择"对话框，如图 1-12 所示。

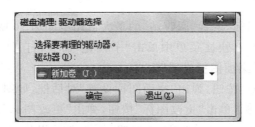

图 1-12　"驱动器选择"对话框

② 选择要清理的驱动器，例如"J："，单击"确定"按钮，弹出磁盘清理对话框，如图 1-13 所示。

③ 在"描述"选项区域，单击"查看文件"按钮，可以在回收站中选择文件。单击"确定"按钮，系统将自动完成磁盘清理。

（2）使用"磁盘碎片整理"程序进行磁盘文件整理。

① 单击"开始"→"所有程序"→"附件"→"系统工具"→"磁盘碎片整理"，打开"磁盘碎片清理程序"对话框，如图 1-14 所示。

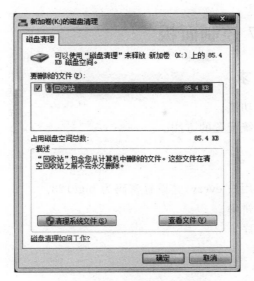

图 1-13　磁盘清理对话框

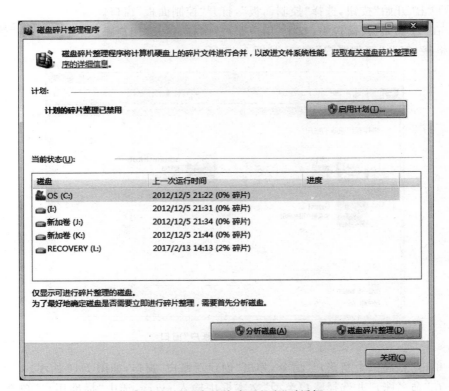

图 1-14　"磁盘碎片清理程序"对话框

② 先选择所要整理的磁盘驱动器,如 J 盘,然后单击"磁盘碎片整理"按钮,系统开始对磁盘进行碎片整理。整理结束后,单击"磁盘碎片整理程序"对话框右上角的"×"按钮或单击"关闭"按钮,则关闭"磁盘碎片整理程序"对话框。

1.3   Windows 7 控制面板

一、实验目的与要求

1. 了解控制面板的功能。
2. 掌握几种常用系统配置的方法。

二、实验内容

1. 创建一个标准新用户 every，并设置密码为 bigc123。
2. 设置显示器的分辨率。
3. 设置屏幕保护程序。

三、操作提示

1. 创建一个标准新用户 every，并设置密码为 bigc123。

（1）单击"开始"按钮，选择"控制面板"，打开"控制面板"窗口。

（2）在"控制面板"窗口中，双击"用户账户"图标，打开"用户账户"窗口，单击"管理其他账户"超链接，打开"管理账户"窗口，如图 1-15 所示。

图 1-15 "管理账户"窗口

（3）单击"创建一个新账户"命令，弹出"创建新账户"窗口，如图 1-16 所示。

（4）在"命名账户并选择账户类型"文本框中输入 every，选中"标准用户"单选按钮，然后单击"创建账户"按钮，返回到"管理账户"窗口，如图 1-17 所示，every 账户出现在窗口中。

（5）双击用户 every 按钮，打开"更改账户"窗口，单击"创建密码"命令，打开"创建密码"窗口，如图 1-18 所示。

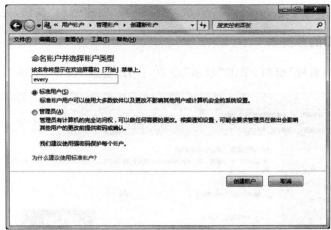

图 1-16　"创建新账户"窗口

图 1-17　"管理账户"窗口

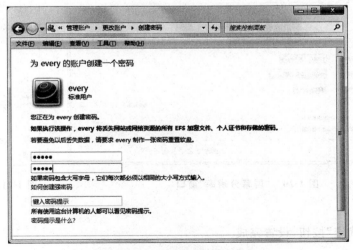

图 1-18　"创建密码"窗口

（6）在密码文本框中输入 bigc123 两次，然后单击"创建密码"按钮，完成新用户的创建。

2．设置显示器的分辨率

（1）打开"控制面板"窗口，单击"显示"命令，打开"显示"窗口，如图 1-19 所示。

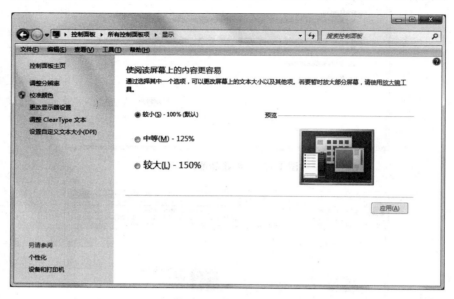

图 1-19　"显示"窗口

（2）在左边的导航栏中单击"调整分辨率"选项，打开"屏幕分辨率"窗口，如图 1-20 所示。

（3）在"显示器"下拉列表框中可以设置显示的型号，在调整屏幕的分辨率面板中，使用滑块可以设置显示器的分辨率，例如，将屏幕分辨率调整为 1280×768，如图 1-21 所示。

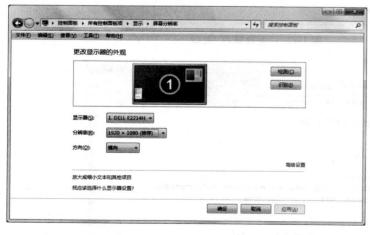

图 1-20　"屏幕分辨率"窗口

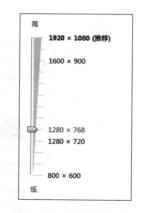

图 1-21　调整屏幕分辨率面板

（4）单击"确定"按钮，设置完成。

3．设置屏幕保护程序。

（1）打开"控制面板"窗口，单击"显示"命令，打开"显示"窗口，在如图 1-19 所示的窗口中单击"个性化"命令，打开"个性化"窗口，如图 1-22 所示。

图 1-22　"个性化"窗口

（2）单击窗口右下角的"屏幕保护程序"图标，打开"屏幕保护程序设置"对话框，如图 1-23 所示。

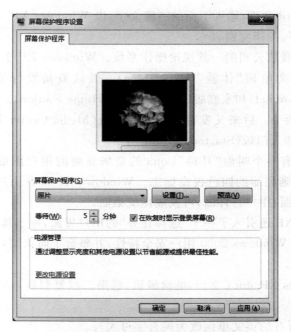

图 1-23　"屏幕保护程序设置"对话框

（3）在"屏幕保护程序"下拉列表框中选择需要的图片和动画，单击"设置"按钮可以设置图片显示的速度，使用微调按钮可以设置屏幕保护程序运行等待时间。

第 2 章
Word 2013文字处理软件实验

2.1　Word 2013 的基本操作与文字排版

一、实验目的

1. 掌握 Word 文档的建立、保存与打开。
2. 掌握 Word 文档的基本编辑,包括删除、修改、插入、复制与移动。
3. 了解 Word 视图模式。
4. 掌握 Word 文档编辑操作的基本方法。
5. 掌握 Word 格式与版面的基本设置操作,包括文字字体设置和段落格式设置。

二、实验内容

1. 建立一个 Word 文件,输入下面的三段文字,以 Windows XP. docx 为文件名保存到 D:\MyFile 文件夹下,关闭文档。

Windows XP 是微软公司的一款视窗操作系统。Windows XP 于 2001 年 8 月 24 日正式发布。XP 表示英文单词"体验"(experience)。微软最初发行了两个版本:专业版(Windows XP Professional)和家庭版(Windows XP Home Edition)。家庭版只支持一个处理器,专业版则支持两个。后来又发行了媒体中心版(Media Center Edition)、平板电脑版(Tablet PC Editon)和入门版(Starter Edition)等。

Windows XP 拥有一个叫做"月神"Luna 的豪华亮丽的用户图形界面。Windows XP 视窗标志也改为较清晰亮丽的四色视窗标志。Windows XP 带有用户图形登录界面;全新 Windows XP 亮丽桌面,用户若怀旧,可换成传统桌面。

此外,Windows XP 还引入了一个"选择任务"的用户界面,使工具条可以访问任务具体细节。它包括简化的 Windows 2000 用户安全特性,并整合了防火墙,以用来解决长期以来困扰微软的安全问题。

2. 打开 Windows XP. docx 文档,继续编辑,将第二段复制后,粘贴到文档后面作为第四段。

3. 将文档中的所有的英文单词改为词首字母大写。

4. 在文档的开头插入标题"Windows XP 系统简介"。

5. 将修改后的文档另存到当前文件夹,文件名为 Windows XP-1. docx;然后分别以"普通、视图、页面视图、大纲视图、打印浏览、联机版式"等方式查看文档,观察不同视图的特点。

6. 按下列要求设置格式：

（1）第一段设置字体、字号、字形为宋体、常规、小四、阴影、加重号。段落首行缩进 2 字符；

（2）第二段设置字体、字号、字形为宋体、粗斜体、五号。悬挂缩进 1 厘米；

（3）第 3 段行设置字体、字号、字形为楷体、加粗、小四、波浪下画线。行距 1.5 倍；段后间距 1.5 行。

7. 标题"Windows XP 系统简介"设置为"标题 3"样式，居中对齐，宋体，空心字。

三、操作提示

1. 要想查看文档的全部内容，最好在页面视图下进行编辑工作。

2. 在编辑或排版之前，首先要选定文本，被选定的文本以黑底白字的形式显示在屏幕上，这样才可以进行复制、移动等操作。

选定文本最简单的方法：用鼠标拖动使文本变为深色，如图 2-1 所示。

Windows XP 是微软公司的一款视窗操作系统。Windows XP 于 2001 年 8 月 24 日正式发布。XP表示英文单词"体验"（experience）。微软最初发行了两个版本：专业版(Windows XP Professional)和家庭版(Windows XP Home Edition)。家庭版只支持一个处理器，专业版则支持两个。后来又发行了媒体中心版(Media Center Edition)、平板电脑版(Tablet PC Editon)和入门版（Starter Edition)等。

图 2-1　选择文本

3. 更改英文单词的大小写。先要选定文本，然后选择"开始"选项卡，在"字体"组中单击"更改大小写"按钮，然后在级联菜单中选择"句首字母大写"命令即可，如图 2-2 所示。

4. 字符格式设定包括设置文本的字体、字号、字形、大小、粗斜体、下画线、上下标及字体颜色、字符间距等。要完成字符格式的设置，通常有两种方法。

（1）使用"开始"选项卡中"字体"选项组中的图形按钮，如图 2-3 所示。

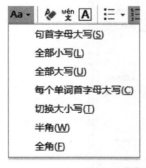

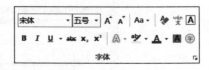

图 2-2　"更改大小写"菜单　　　　　　图 2-3　"字体"选项组

（2）单击"字体"选项组的字体下拉列表框，选择所要的字体、字号、字形、颜色、效果后，单击"确定"按钮，如图 2-4 所示。

5. 段落的对齐方式设置有两种方法。

（1）使用"开始"选项卡中"字体"选项组中的图形按钮。

图 2-4　"字体"对话框

（2）单击"字体"选项组的"段落"按钮，打开"段落"对话框，对其中的"对齐方式"进行设置，如图 2-5 所示。

图 2-5　"段落"对话框

6. 段落的缩进设置有两种方法。

（1）使用"标尺"工具栏进行段落缩进设置，如图 2-6 所示。

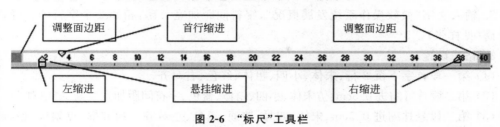

图 2-6　"标尺"工具栏

（2）在"段落"对话框中，选择"缩进"选项组，可以设置左缩进、右缩进、首行缩进和悬挂缩进等参数框进行设置，如图 2-5 所示。

四、样张

文件 D：\MyFile\Windows XP-1

Windows XP 系统简介

　　Windows XP 是微软公司的一款视窗操作系统。Windows XP 于 2013 年 8 月 24 日正式发布。 XP 表示英文单词"体验"（Experience）。 微软最初发行了两个版本：专业版(Windows XP Professional)和家庭版(Windows XP Home Edition)。家庭版只支持一个处理器，专业版则支持两个。后来又发行了媒体中心版(Media Center Edition)、平板电脑版(Tablet PC Editon)和入门版(Starter Edition)等。

Windows XP 拥有一个叫做"月神"Luna 的豪华亮丽的用户图形界面。Windows XP 视窗标志也改为较清晰亮丽的四色视窗标志。Windows XP 带有用户图形登录界面；全新 XP 亮丽桌面，用户若怀旧可换成传统桌面。

此外，Windows XP 还引入了一个"选择任务"的用户界面，使工具条可以访问任务具体细节。它包括简化的 Windows 2000 用户安全特性，并整合了防火墙，以用来解决长期以来困扰微软的安全问题。

2.2　文档的高级排版（图文混排）与打印

一、实验目的

（1）熟悉并掌握 Word 文档的各种修饰基本设置操作，包括文字的修饰和段落整理。

（2）熟悉并掌握 Word 文档的图形图像处理功能。

（3）掌握文档的页面设置及打印的方法。

二、实验内容

1. 打开实验 2.1 建立的文件 Windows XP.docx。

2. 输入文字"微软操作系统发展概况",字符间距加宽 2 磅,相邻 2 个字符的升降幅度为 3 磅(见样张)。

3. 格式设置

(1) 第一段首字下沉 2 行、宋体、小四、粗体、红色、右对齐。

(2) 第二段首行缩进 0.5cm、仿宋体、小四、斜体、蓝色、字符间距加宽 3 磅、居中对齐。

(3) 第三段悬挂缩进 0.5cm、宋体、四号、普通、黑色、左对齐。加方框、点划线、粉红色、0.75 磅。底纹为黄色,并用红色的 20％的图案填充。

4. 将第二段进行分栏:分三栏,加分隔线,栏间距为 4 字符,栏宽相等。

5. 按样张所示添加项目符号。

6. 插入两幅剪贴画,其中一幅格式设置为"四周型",另一幅设置为"衬于文字下方"。

7. 插入艺术字"Windows 发展概况",样式及格式自定。

8. 插入一个竖排文本框,内部填充颜色,加外边框线,版式为"四周型"。

9. 将文件以"Windows XP 介绍.docx"为名保存到 D：\Myfile 文件夹下。

10. 设置页面边距为上、下 2cm,左、右 3cm,A4 纸。

三、操作提示

1. 文字"微软操作系统发展概况"格式的设置可以通过"字体"对话框,选择"高级"选项卡中的"位置"选项来完成,如图 2-7 所示。设置"间距"选项可以改变字符间距,设置"位置"

图 2-7 "字体"对话框

可以使字符提升或下降。

2. 分栏的设置需要使用"页面布局"选项卡,单击"分栏"按钮或者在"分栏"对话框中进行设置,如图 2-8 所示。

3. 设置"首字下沉"。单击"插入"选项卡,单击"首字下沉"按钮或者打开"首字下沉"对话框,如图 2-9 所示。可以选择"下沉"或"悬挂",还可以设置字体和下沉行数。

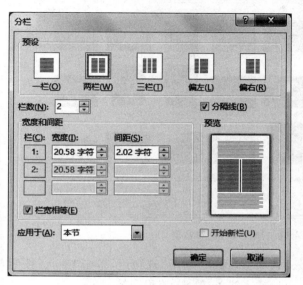

图 2-8　"分栏"对话框　　　　　　　　　　　图 2-9　"首字下沉"对话框

4. 设置边框和底纹。单击"开始"选项卡,选择"段落"选项组,单击"边框"按钮右边的下三角按钮,打开"边框"列表框,如图 2-10 所示。在该列表框中单击"边框和底纹"命令,打开"边框和底纹"对话框,如图 2-11 所示。选择"边框"选项卡可以进行边框的设置,选择"底纹"选项卡可以进行底纹设置。

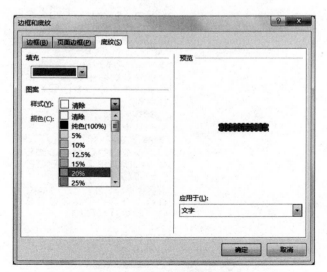

图 2-10　"边框"列表框　　　　　　　图 2-11　"边框和底纹"对话框

5. 插入"图片""自选图形""艺术字"以及"文本框"。

- 插入"图片。单击"插入"选项卡,选择"插图"选项组,单击"图片"按钮,打开"插入图片"对话框,如图 2-12 所示,选择图片的保存路径和文件,单击"插入"按钮即可。

图 2-12 "插入图片"对话框

- 插入"自选图形"。单击"插入"选项卡,选择"插图"选项组,单击"形状"按钮,打开"形状"列表,如图 2-13 所示,可以插入线条、箭头、流程图等。

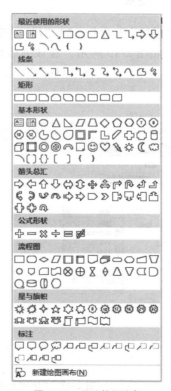

图 2-13 "形状"列表

- 插入"艺术字"。单击"插入"选项卡,选择"文本"选项组,单击"艺术字"按钮,可以插入不同样式的艺术字。
- 插入"文本框"。单击"插入"选项卡,选择"文本"选项组,单击"文本框"按钮,可以插入不同样式的文本框或竖排文本框。

四、样张

文件：D：\MyFlie\ Windows 介绍.DOCX

微软操作系统发展概况

Windows XP Windows 英文单词 是微软公司的一款视窗操作系统。XP于 **2001 年 8 月 24 日**正式发布。XP表示"体验"（Experience）。 微软最初发行了两个版本：专业版(Windows XP Professional)和家庭版(Windows XP Home Edition)。家庭版只支持一个处理器,专业版则支持两个。后来又发行了媒体中心版(Media Center Edition)、平板电脑版(Tablet Pc Editon)和入门版(Starter Edition)等。

Windows 发展概况

Windows XP 拥有一个叫做"月神"*Luna* 的豪华亮丽的用户图形界面。*Windows XP* 视窗标志也改为较清晰亮丽的四色视窗标志 。*Windows XP*

带有用户图形登录界面；全新 XP 亮丽桌面, 用户若怀旧可换成传统桌面。

Windows发展概况

　　此外,Windows XP还引入了一个"选择任务"的用户界面,使工具条可以访问任务具体细节。它包括简化的 Windows 2000 用户安全特性,并整合了防火墙,以用来解决长期以来困扰微软的安全问题。

Windows 的主要版本:

- Windows 3. X
- Windows 95/ Windows 98
- WindowsNT、Windows XP
- Windows7

2.3   表格和公式的制作

一、实验目的与要求

1. 掌握表格的建立、修改、录入、表格单元格的修改。
2. 掌握表格的格式化操作。
3. 掌握公式编辑器的使用。

二、实验内容

1. 绘制一个课程表。

(1) 输入标题"课程表",二号、楷体、粗体、下画线、居中对齐。

(2) 按样张绘制课程表,宋体、五号、普通、居中对齐。

(3) 将"数学"课用浅色上斜线的图案填充。

(4) 在最后一个表格中插入任意一个剪贴画。

2. 绘制一个成绩单。

(1) 输入标题"成绩单",三号、楷体、粗体、居中对齐。

(2) 按样张绘制课程表,宋体、五号、普通、居中对齐。

(3) 利用表格菜单中的公式计算总分和平均分,保留 2 位小数。将不及格的成绩用红色底纹表示出来。

(4) 设置表格样式为"清单表-着色 2"。

3. 输入公式。

$$\left\| \frac{x^2}{y_m} \cdot \sqrt{Q_N^P} \cdot \oiiint F_X dx \cdot \sum_{m=1}^{N} \frac{\alpha}{\beta_m} \cdot K_\Omega^\ominus \right\|$$

4. 将文件以"表格和公式.doc"为名保存到 D:\MyFile 文件夹下(参见样张)。

三、操作提示

1. 课程表的表头是斜线表头,Word 2013 不提供斜线表头的功能,可以自行设计。斜线使用插入"形状"功能实现,表头中的文字需要插入无边框文本框实现。

2. 成绩单的总分和平均分的计算需要插入公式完成。单击"表格工具"选项卡,在"布局"组中单击"公式"按钮,打开"公式"对话框,如图 2-14

图 2-14   "公式"对话框

所示。在"公式"文本框中输入公式或粘贴相应的函数即可。

注意：公式一定要以"＝"开头，例如，输入"＝sum(A2：C2)"。此公式的含义是，计算A2、B2、C2 的和。

3. 公式的编辑使用 Word 的公式编辑器。单击菜单"插入"选项卡，选择"符号"选项组，单击"公式"按钮，在列表框中单击"插入新公式"命令，打开"公式"选项卡，利用其中的命令可以完成公式的输入，如图 2-15 所示。

图 2-15　"公式"选项卡

四、样张

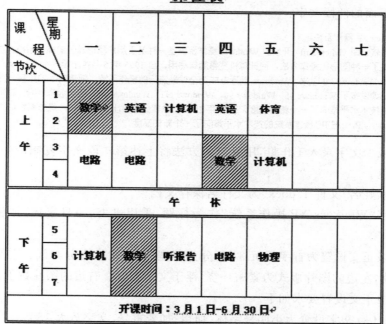

课程表

课程\节次 星期		一	二	三	四	五	六	七
上午	1 2	数学	英语	计算机	英语	体育		
	3 4	电路	电路		数学	计算机		
午休								
下午	5 6 7	计算机	数学	听报告	电路	物理		
开课时间：3月1日-6月30日								

成绩单

姓名	语文	数学	英语	总分	平均
明敏	96	55	95	246	82.00
李红	86	75	71	232	77.33
赵军	58	76	91	225	75.00

$$\left\| \frac{x^2}{y_m} \cdot \sqrt{Q_N^P} \cdot \oiiint F_X dx \cdot \sum_{m=1}^{N} \frac{\alpha}{\beta_m} \cdot K_\Omega^\Theta \right\|$$

2.4　Word 综合测试

一、实验目的

1. 掌握 Word 文档的基本编辑，包括删除、修改、插入、复制与移动。
2. 掌握 Word 格式与版面的基本设置操作，包括文字字体设置和段落格式设置。
3. 熟悉并掌握 Word 文档的各种修饰基本设置操作，包括文字的修饰和段落整理。
4. 熟悉并掌握 Word 文档的图形图像处理功能。
5. 掌握文档的页面设置及打印的方法。

二、实践内容与要求

制作一段图文并茂的 Word 文档。

1. 新建一个文档，页面设置为 A4 纸，竖排，页边距为上、下 2cm，左、右 3cm。
2. 输入下面的两段文字：

> Windows XP 操作系统
> 美国微软公司（Microsoft）开发的 Windows 操作系统是一种基于用户图形界面的操作系统，它为用户提供了一种图形化操作方法，使计算机变得简单易用。自 1995 年 5 月推出第一个 Windows 的成熟版本 Windows 3.0 以来，Windows 就逐渐成为全球最流行的操作系统。随着时间的推移，微软公司又陆续发布了 Windows 95、Windows 98、Windows NT、Windows 2000 等新版本，把计算机操作系统的技术水平推向了一个新的高度。2001 年 10 月，微软公司推出了 Windows 操作系统的新版本 Windows XP，　把 PC 操作系统的技术水平推向了一个新的高度。

3. 为了减少文字录入工作量，用复制的方法将上述第二段文字复制产生三段正文，宋体、五号、黑色。
4. 以"**（姓名）文件 1.docx"为文件名保存文档。
5. 将文字"Windows XP 操作系统"作为标题，采用隶书、一号字体、加粗、下画线、居中、红色。
6. 第一段正文设置为首字下沉 3 行，分为等宽 3 栏，中间有分割线。在第一段正文中插入两幅图片，左边的图片版式为紧密环绕，浮于文字上方。右边的图片衬于文字下方。
7. 第二段正文设置要求如下。

（1）将第 1 行文字设置为小四号字体、加粗、加着重号、文字放大 150%。

（2）将第 2 行文字设置为小四号字体、加红色双波浪下画线。

（3）第 3、4 行将文字设置为小四号字体、加粗、文字放大 150%，加方框，线形为波浪线，底纹设置为黄色，并用 15% 的图案填充。

（4）将第 5、6 行文字设置为四号字体、斜体、加双删除线。

8. 插入一个竖排的带阴影效果的文本框，大小为高 6cm、宽 5cm，填充为淡粉色半透明，外框线形为方点虚线、粗细 4 磅。
9. 向文本框复制文字"Windows 7 操作系统"，四号字体，并按样张加项目符号。
10. 复制文字"操作系统"，在第二段正文和第三段正文之间另作一段，并设置为带圈文字，见样张。

11. 在文档的左下方插入两个相同的艺术字,艺术字格式自定,位置见样张。

12. 在文档的右下方利用自选图形中的基本形状心形绘制一个四瓣花朵,并设置填充为粉色和线形为双线,位置见样张。

13. 输入页眉和页脚:页眉为"Windows XP 操作系统",页脚为文件名,五号、居中。

14. 确认文档的设置满足要求后,打印出来,版面可以自行设计,设计要求:布局合理、美观。

三、样张

第 3 章
Excel 2013电子表格软件实验

3.1 Excel 2013 工作簿、工作表的基本操作

一、实验目的与要求

1. 掌握 Excel 工作簿的建立、保存与打开。
2. 掌握工作表的创建、删除、插入和重命名。
3. 掌握工作表中数据的输入。
4. 掌握工作表的复制或移动。
5. 掌握工作表的打印输出。

二、实验内容

1. 建立新的工作簿,文件名为"学生成绩表.xlsx",并存放在 D：\MyFile 文件夹内。
2. 将 Sheet1 工作表更名为"数学成绩"工作表。
3. 插入一个新工作表"第 1 学期成绩"。
4. 在"数学成绩"工作表中输入数据,如表 3-1 所示。

表 3-1　数学成绩表

学号	姓名	性别	期中成绩	期末成绩	总成绩
090901	王浩	女	76	80	
090902	赵亮	男	87	90	
090903	周静	女	88	60	
090904	张海冰	女	50	80	
090905	胡卫东	男	70	50	
090906	李宏	男	86	90	
090907	赵瑜	女	78	87	

5. 在第一行的前面插入一个空行,输入标题"2016 级计算机班数学成绩"。
6. 复制"数学成绩"工作表到新工作表中,并将其更名为"数学单项成绩"工作表,然后删除"总成绩"列。
7. 将"数学单项成绩"工作表与"数学成绩"工作表交换位置。

8. 页面设置：左右页边距均为 2 厘米，上下页边距各为 2.5cm，添加页眉"学生成绩单"。

9. 将"数学单项成绩"工作表打印输出。

10. 将"数学成绩"除最后一列的区域设置为打印区域并打印预览。

三、操作提示

1. 建立新的工作簿"学生成绩表.xlsx"。

（1）单击"文件"→"新建"菜单命令，弹出"新建"对话框，选择"空白工作簿"。此时新建的工作簿带有 1 个工作表 Sheet1，Sheet1 也为当前工作表。

（2）单击"文件"→"保存"菜单命令，弹出"另存为"对话框，在"文件名"文本框中输入"学生成绩表"。单击"保存"按钮，将"学生成绩表.xlsx"保存在 D：\ MyFile 文件夹内。

2. 将 Sheet1 工作表改名为"数学成绩"工作表。

双击 Sheet1 工作表标签，使其反相显示，输入"数学成绩"，按 Enter 键结束。

3. 插入一个新工作表"第 1 学期成绩"。

单击 Sheet1 工作表标签右侧的"插入工作表"按钮 ，在工作表标签 Sheet1 后可以看到自动插入的新工作表 Sheet2，然后将该工作表重命名为"第 1 学期成绩"。

4. 在"数学成绩"工作表中输入数据。

在工作表中输入数据时，只需选中相应的单元格输入数据，输入数据时注意选择合理的数据格式，例如输入学号"090101"，应输入"'090101"。

5. 在第一行前插入一个空行，输入标题"2016 级计算机班数学成绩"。

将光标定位在表格的第一行，打开"开始"选项卡，选择"单元格"功能区组中的"插入"命令，在级联菜单中选择"插入工作表行"命令，选中"单元格所在行向下移动一行"选项，在 A1 单元格中输入"2016 级计算机班数学成绩"。

6. 复制"数学成绩"工作表，并将其更名为"数学单项成绩"工作表，然后删除总成绩列。

（1）右击"数学成绩"工作表标签，单击"移动或复制工作表"命令，弹出"移动或复制工作表"对话框，如图 3-1 所示。

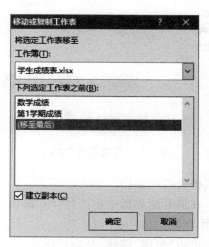

图 3-1　"移动或复制工作表"对话框

（2）在"工作簿"下拉列表框中仍然选择"数学成绩.xlsx"（即本工作簿内复制），在"下列选定工作表之前"下拉列表框中选择"（移至最后）"，选中"建立副本"复选框，单击"确定"按钮。

（3）双击"数学成绩（2）"工作表标签，输入"数学单项成绩"，按 Enter 键结束。

（4）在"数学单项成绩"工作表中，选择"总成绩"一列，使该列颜色变黑，单击"开始"选项卡，选择"单元格"功能区组中的"删除"命令，在级联菜单中选择"删除工作表列"命令即可。

7．将"数学单项成绩"工作表与"数学成绩"工作表交换位置。

只需用鼠标拖曳其中的一个工作表将其移到相应的位置。

8．页面设置：左右页边距均为 2cm，上下页边距各为 2.5cm，添加页眉"学生成绩单"。

打开"页面布局"选项卡，单击"页面设置"选项组右下角的对话框启动器按钮，打开"页面设置"对话框，如图 3-2 所示，然后输入相应的参数即可。

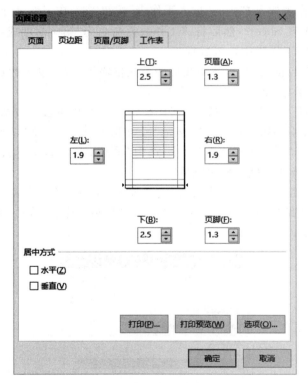

图 3-2　"页面设置"对话框

9．将"数学单项成绩"工作表打印输出。

（1）单击"文件"选项卡，在展开的界面中单击"打印"选项，可以在其右侧的窗格中查看打印前的实际打印效果，如图 3-3 所示。

（2）在"打印"选项组中，单击"打印"按钮，开始打印。

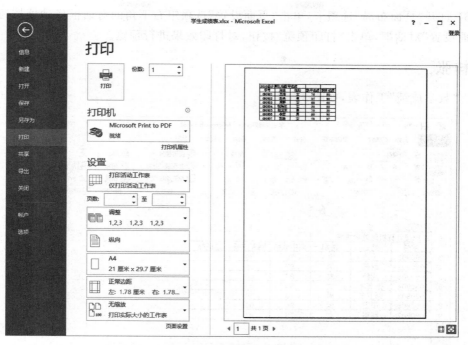

图 3-3　"打印"对话框

10. 将"数学成绩"除最后一列的区域设置为打印区域并打印预览。

（1）选中"数学成绩"工作表，选中区域 A1：E9。

（2）打开"页面布局"选项卡，单击"页面设置"选项组中的"打印区域"下拉按钮，选择"设置打印区域"，如图 3-4 所示。

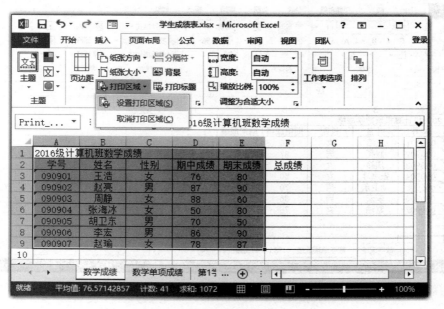

图 3-4　打印区域的设置

（3）打开"页面布局"选项卡，单击"页面设置"选项组右下角的对话框启动器按钮，打开的"页面设置"对话框，单击"打印预览"按钮，对打印效果进行预览。

四、样张

1. "数学成绩"工作表，如图 3-5 所示。

图 3-5　"数学成绩"工作表

2. "数学单项成绩"工作表，如图 3-6 所示。

图 3-6　"数学单项成绩"工作表

3.2　Excel 工作表的编辑与格式化

一、实验目的与要求

1. 掌握工作表数据的编辑、修改。
2. 掌握单元格数据的填充方法。
3. 掌握为单元格添加批注的方法。
4. 掌握工作表格式的设置。
5. 熟悉使用条件格式。

二、实验内容

以下操作均以"学生成绩表. xlsx"为工作文件。按要求完成下列操作：

1. 在"数学成绩"工作表中的"性别"之后插入一列"专业"。
2. 将所有学生的专业设置为"计算机"。
3. 将第 1 行标题"2016 级计算机班数学成绩"所在单元格区域合并，设置标题文字为 18 磅红色字、加粗、水平和垂直居中。
4. 将表格内容设置为 12 磅、宋体、居中。
5. 查找"胡卫东"同学，并加上批注为"2016 级重修同学"。
6. 设置行高和列宽：将单元格的高度设置为 15，列宽为 8。
7. 为"数学成绩"工作表设置背景。
8. 在"数学成绩"中设置条件格式为：期末成绩大于等于 90 分，显示为绿色；期末成绩小于 60，显示为红色。
9. 计算出总成绩。其中，总成绩＝期中成绩×0.3＋期末成绩×0.7。
10. 将"数学成绩"中学生的学号、姓名以及总成绩复制到工作表"第 1 学期成绩"中，并将"总成绩"改为"总评成绩"。

三、操作提示

1. 在"数学成绩"工作表中的"性别"之后插入一列"专业"。

单击"性别"下一列的任意一个单元格，单击"开始"选项卡，选择"单元格"选项区组中的"插入"命令，在级联菜单中选择"插入工作表列"命令，即可插入一列，然后在作为列名的单元格（D2）输入"专业"，如图 3-7 所示。

2. 将所有学生的专业设置为"计算机"。

（1）首先在该列有效区域的某个单元格中输入"计算机"。

（2）可以用复制的方法将"计算机"添加到其他单元格，或者先选中要输入数据的所有单元格，输入"计算机"后，按 Ctrl＋Enter 键。可以用这种方法在连续的单元格中输入多个同样的数据。此外，还可以用填充的方法完成，只需将鼠标指针移到"计算机"所在的单元格右下角填充柄上，使鼠标指针变为实心"＋"形状，然后拖动鼠标向下进行填充。

3. 将第 1 行标题"2016 级计算机班数学成绩"，所在单元格区域合并，设置标题文字为

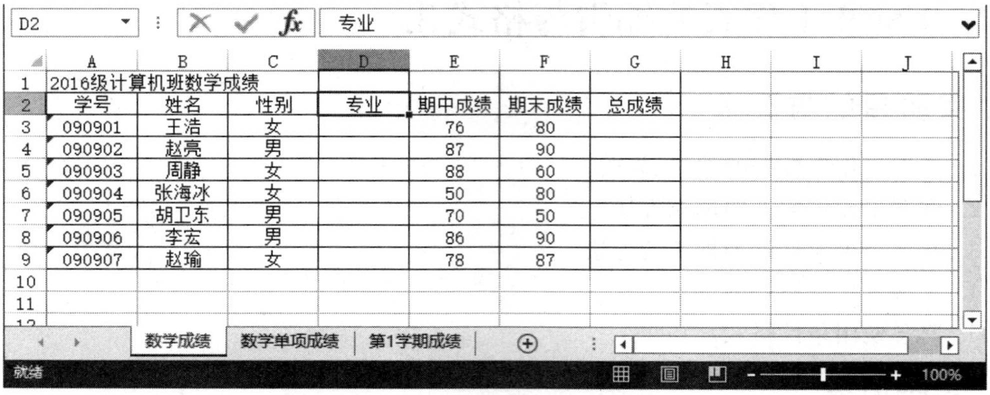

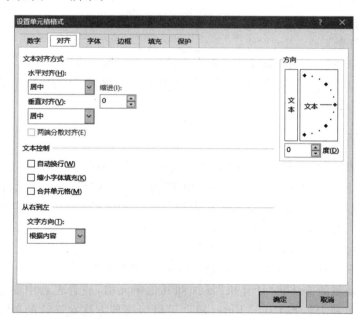

图 3-7   "数学成绩"工作表

18 磅红色字、加粗、水平和垂直居中。

（1）用鼠标选中表格第一行，单击"开始"选项卡，选择"对齐方式"选项组的"合并单元格"按钮 田 合并单元格(M)，将单元格合并。

（2）设置标题文字为 18 磅红色字、加粗、水平和垂直居中。

4．将表格文字设置为 12 磅、宋体、居中。

（1）选中要设置格式的内容，单击"开始"选项卡，选择"单元格"选项组的"格式"→"设置单元格格式"，打开"设置单元格格式"对话框，如图 3-8 所示，选择"字体"选项卡，然后设置所需要的格式，如图 3-9 所示。

图 3-8   "设置单元格格式—对齐"对话框

（2）选择"对齐"选项卡，设置对齐格式。

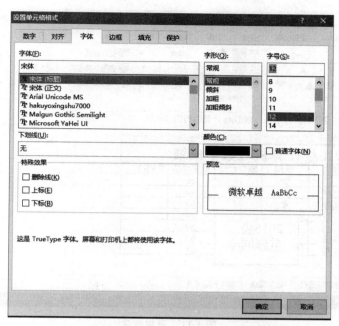

图 3-9　"设置单元格格式—字体"对话框

5. 查找"胡卫东"同学，并加上批注为"2016 级重修同学"。

（1）选择"开始"选项卡，单击"编辑"选项组的"查找和选择"下拉按钮，在下拉菜单中选择"查找"项，打开"查找和替换"对话框，如图 3-10 所示，输入查找的关键字"胡卫东"，可以将光标定位于相应的单元格。

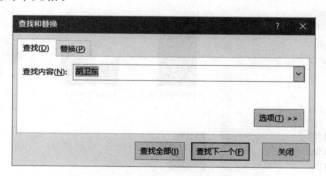

图 3-10　"查找和替换"对话框

（2）使用"审阅"选项卡，单击"批注"选项组中的"新建批注"按钮，在选定的单元格右侧弹出的一个批注框，在此框中输入"2016 级重修同学"。输入完成后，返回工作表中，这时单元格右上角显示一个红色的小三角标记符号，添加"批注"的单元格如图 3-11 所示。

6. 设置行高和列宽：将单元格的高度设置为 18，列宽为 9。

选中需要设置高度和宽度的单元格区域，然后使用"开始"选项卡，选择"单元格"选项组中的"格式"下拉按钮，在级联菜单中选择"单元格大小"→"行高"命令，在出现的对话框中设置"行高＝18"，同样进行单元格列宽的设置。

7. 为"数学成绩"工作表设置背景。

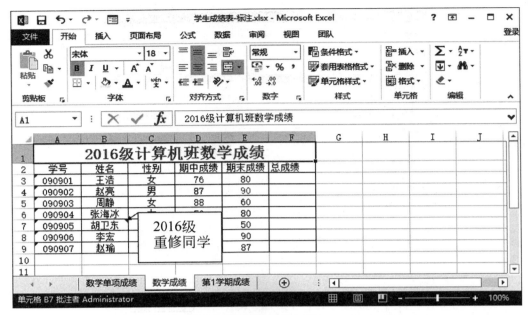

图 3-11 添加批注

（1）使用"页面布局"选项卡，单击"页面设置"选项组中的"背景"按钮，打开"工作表背景"对话框，如图 3-12 所示。

图 3-12 "工作表背景"对话框

（2）选择所需要的图片文件的文件夹和文件名，单击"插入"按钮即可。

8.在"数学成绩"中设置条件格式为：期末成绩大于等于 90 分，显示为绿色；期末成绩小于 60，显示为红色。

（1）选定要设定格式的单元格区域，使用"开始"选项卡，选择"样式"选项组中的"条件格式"下拉按钮,在级联菜单中选择"突出显示单元格规则"→"其他规则"命令,打开"新建格式规则"对话框,如图 3-13 所示。

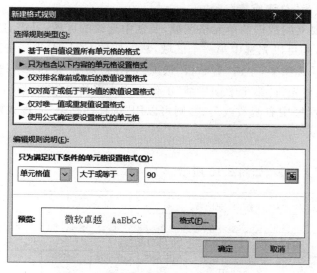

图 3-13 "新建格式规则"对话框

(2) 在"编辑规则说明"中设置条件"单元格值大于或等于 90",然后单击"格式"按钮,打开"单元格格式"对话框,设置单元格颜色为"绿色";

(3) 在"编辑规则说明"中设置条件"单元格值小于 60",然后单击"格式"按钮,打开"单元格格式"对话框,设置单元格颜色为"红色";

9. 计算出总成绩。其中,总成绩=期中成绩×0.3+期末成绩×0.7。

(1) 首先将光标定位于计算添加总成绩的单元格 G3,输入"=E3*0.3+F3*0.7",回车结束输入,则该单元格中,显示根据公式计算所得的数据,如图 3-14 所示。

图 3-14 输入公式界面

将鼠标指针移到填充柄上，将公式填充到其他单元格中。

10. 将“数学成绩”表中学生的学号、姓名以及总评成绩复制到“第 1 学期成绩”工作表中，并将“总成绩”改为“总评成绩”。

(1) 首先选中要复制数据的单元格区域，要选中连续的区域，只需直接用鼠标拖动。若选定的区域不连续，则可以先选中第一个区域，然后按住 Ctrl 键，再选中其他区域。

(2) 使用“开始”选项卡，单击“剪贴板”选项组中的“复制”按钮进行复制。

(3) 在粘贴时，首先将“第 1 学期成绩”工作表变为当前工作表，然后单击“粘贴”按钮即可。若复制的数据区域中有函数或公式，则可以用“选择性粘贴”实现数据的复制。

四、样张

1. “数学成绩”工作表，如图 3-15 所示。

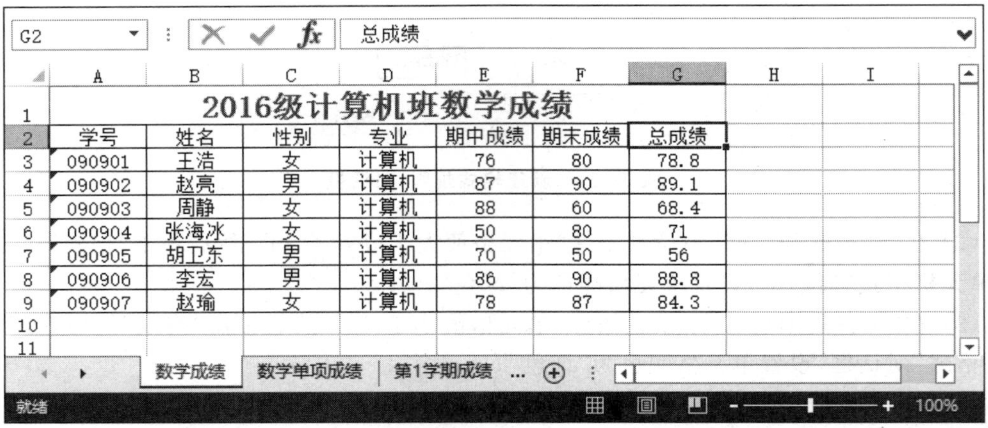

2016级计算机班数学成绩

学号	姓名	性别	专业	期中成绩	期末成绩	总成绩
090901	王浩	女	计算机	76	80	78.8
090902	赵亮	男	计算机	87	90	89.1
090903	周静	女	计算机	88	60	68.4
090904	张海冰	女	计算机	50	80	71
090905	胡卫东	男	计算机	70	50	56
090906	李宏	男	计算机	86	90	88.8
090907	赵瑜	女	计算机	78	87	84.3

图 3-15 “数学成绩”工作表

2.“第 1 学期成绩”工作表，如图 3-16 所示。

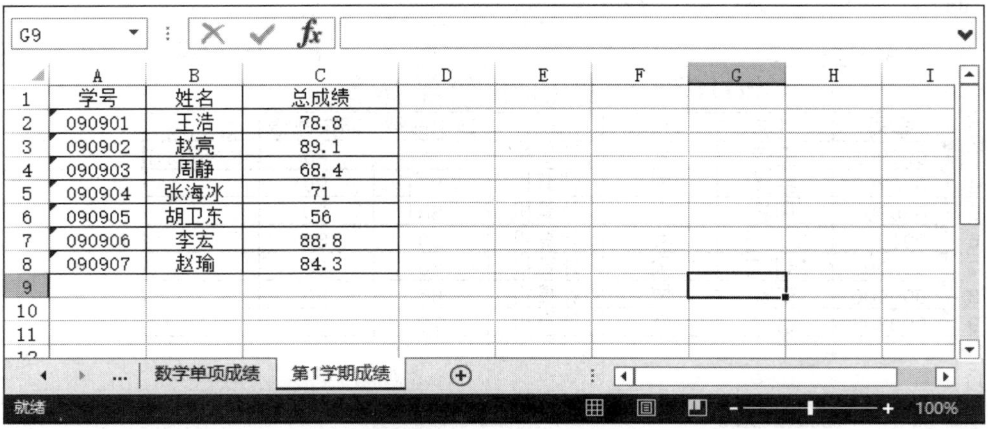

学号	姓名	总成绩
090901	王浩	78.8
090902	赵亮	89.1
090903	周静	68.4
090904	张海冰	71
090905	胡卫东	56
090906	李宏	88.8
090907	赵瑜	84.3

图 3-16 “第 1 学期成绩”工作表

3.3　公式、函数、图表及数据操作

一、实验目的与要求

1. 熟练掌握单元格地址与引用。
2. 熟练掌握公式和函数的运用。
3. 熟练掌握二维图表和三维图表的应用。
4. 掌握数据的排序、筛选及分类汇总。
5. 掌握数据透视表的使用。

二、实验内容及操作提示

对工作簿"学生成绩表.xlsx",根据要求完成下列操作:

1. 对"数学成绩"表,利用公式"期中成绩＊0.2＋期末成绩＊0.8",重新计算总评成绩并保留两位小数。
2. 添加"合计"行,分别计算"期中成绩""期末成绩"以及"总评成绩"的总和。
3. 添加"百分比"一列,并用"总评成绩/总评成绩总和"计算每个同学总评成绩所占百分比。
4. 对"第 1 学期成绩"工作表,添加"等级"列,并按"两级分制"确定等级,满 60 分者为"合格",小于 60 分者为"不合格"。
5. 选择每个学生的"姓名""期中成绩"和"期末成绩"制作三维柱状图。
6. 选择每个学生的"姓名"和"总评成绩"制作二维饼图。
7. 对"第 1 学期成绩",利用"筛选"功能查找成绩大于等于 75 分的学生。
8. 对"数学成绩"表添加新的数据,并按期末成绩从高到低排序。
9. 对"数学成绩"表,按照"性别"统计"期中成绩"和"期末成绩"总和,利用分类汇总来实现。
10. 对"数学成绩"表,分别统计电子信息、计算机两个专业中男、女生各有多少人,利用数据透视表来实现。

三、操作提示

1. 对"数学成绩"表,利用公式"期中成绩＊0.2＋期末成绩＊0.8",重新计算总评成绩并保留两位小数。

(1) 在单元格 G3 中输入公式"＝E3＊0.2＋F3＊0.8",然后将该公式向下填充至单元格 G7。

(2) 选择"总评成绩"列,单击"开始"选项卡,选择"单元格"选项组的"格式"→"设置单元格格式",打开"设置单元格格式"对话框,选择"数字"选项卡,选中"分类"→"数值",将"小数位数"设置为 2 即可。

2. 添加"合计"行分别计算"期中成绩""期末成绩"以及"总评成绩"的总和。

(1) 在单元格区域 E10 中输入函数 Sum(E3:E9),如图 3-17 所示。

（2）将 E10 中的公式复制到区域（F10：G10），也可以单击"公式"选项卡，选择"函数库"选项组的自动求和按钮 **Σ 自动求和 ▾** 实现快速求和。

注意：

上面的公式中对单元格的引用均为地址的相对引用。

图 3-17　在 E10 中输入函数 SUM（E3：E9）

3. 添加"百分比"一列，并用"总评成绩/总评成绩总和"计算每个同学总评成绩所占百分比。

（1）在 H3 中输入公式"＝G3/＄G＄10"，如图 3-18 所示。

图 3-18　在 H3 中输入公式"＝G3/＄G＄10"

（2）将此公式填充到（H4：H9）中。

注意：

上面的公式中对单元格 G10 的引用为地址的绝对引用。

4. 对"第 1 学期成绩"工作表，添加"等级"列，并按"两级分制"确定等级，满 60 分者为"合格"，小于 60 分者为"不合格"。

（1）切换到工作表"第 1 学期成绩"，将光标定位于 D2 单元格。

（2）选择"公式"选项卡，单击"函数库"组的"插入函数"按钮，打开"插入函数"对话框，在"选择函数"选择 IF，如图 3-19 所示，单击"确定"按钮，打开"函数参数"对话框。

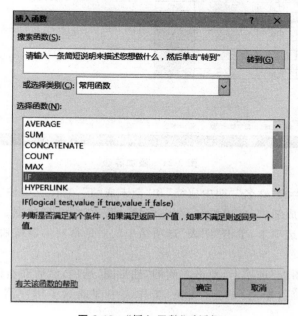

图 3-19　"插入函数"对话框

（3）输入判断条件"C2）=60"以及判断后所取值"合格"与"不合格"，然后单击"确定"按钮即可，如图 3-20 所示。

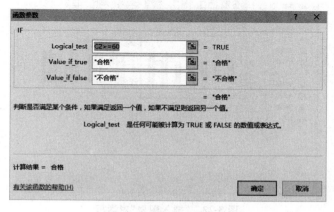

图 3-20　输入函数参数

（4）将鼠标指针移到填充柄上，将公式填充到其他单元格中，其他单元格也完成"等级"的添加，如图 3-21 所示。

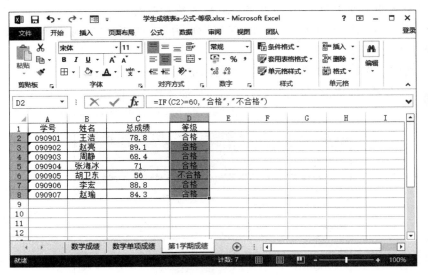

图 3-21　添加等级

5. 选择每个学生的"姓名""期中成绩"和"期末成绩"，制作三维柱状图。

（1）切换到学生成绩表，选中姓名、期中成绩、期末成绩 3 列数据。

（2）选择"插入"选项卡，单击"图表"选项组中的对话框启动器按钮，弹出"插入图表"对话框。

（3）选择"所有图表"选项卡，单击左侧的"柱形图"选项，然后在右侧的子集中选择一种图表类型，选择完毕后，单击"确定"按钮，工作表中即插入了用户需要的图表，如图 3-22 所示。

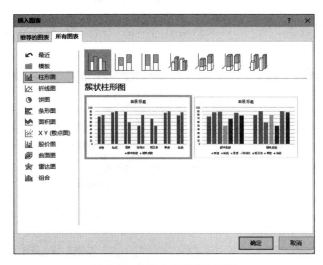

图 3-22　"插入图表"对话框

（4）单击图表右侧的按钮 ✚，可以为图表添加坐标轴标题、图表标题、网格线等。

注意：

在制作图表时，要正确选择单元格区域。

6．选择每个学生的"姓名"和"总评成绩"制作二维饼图。

（1）首先选择"姓名"列的数据，然后在按下 Ctrl 键的同时选择"总评成绩"的数据。

（2）与上面操作过程类似，利用"插入图表"对话框，完成二维饼图的设计。

7．在"第 1 学期成绩"工作表中，利用"筛选"功能查找成绩大于等于 75 分的学生。

（1）选择"第 1 学期成绩"工作表为当前工作表，将光标定位于数据有效区域内。

（2）单击"数据"选项卡，选择"排序与筛选"选项组的"筛选"按钮 ▼，则在表格头部自动添加了筛选按钮，如图 3-23 所示。

图 3-23　添加"筛选按钮"的表

（3）单击筛选按钮 ▼，并在展开的菜单中选择"数字筛选"→"大于或等于"选项，打开"自定义自动筛选方式"对话框，如图 3-24 所示。

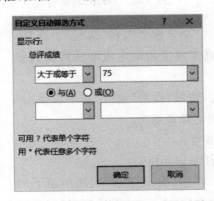

图 3-24　"自定义自动筛选方式"对话框

（4）设置条件"总评成绩大于或等于 75"，然后单击"确定"按钮，工作表中只显示成绩值大于等于 75 的数据，而筛选按钮也变为 ▼，筛选后的数据如图 3-25 所示。

图 3-25　筛选后的数据

8. 对"数学成绩"表，按期末成绩从高到低排序。

（1）选择"数学成绩"为当前工作表，并将光标置于有效区域。

（2）单击"数据"选项卡，选择"排序与筛选"选项组的"排序"按钮 ，则打开"排序"对话框，如图 3-26 所示。

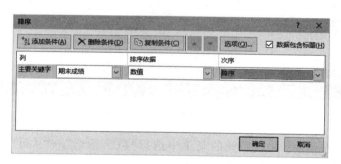

图 3-26　"排序"对话框

（3）在"主要关键字"中选"期末成绩"，在"次序"中选"降序"，然后单击"确定"按钮，则实现了按期末成绩从高到低的排序。

9. 对"数学单项成绩"表，按照"性别"统计"期中成绩"和"期末成绩"的总和，利用分类汇总来解决。

（1）首先按"性别"字段排序。

（2）单击数据清单中的任意单元格。

（3）选择"数据"选项卡，单击"分级显示"功能区组下的"分类汇总"命令按钮 ，打开"分类汇总"对话框，如图 3-27 所示。

（4）在"分类字段"下拉列表框中选择"性别"选项。

（5）在"汇总方式"下拉列表框中选择"求和"选项。

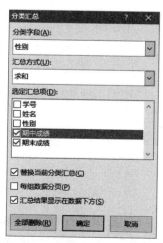

图 3-27　"分类汇总"对话框

（6）在"选定汇总项"列表框中选中"期中成绩""期末成绩"，如图 3-27 所示。

（7）单击"确定"按钮。

10. 对"数学成绩"表，分别统计电子信息、计算机两个专业中，男、女生各有多少人，利用数据透视表来实现。

（1）选择"数学成绩"表，将李宏、赵瑜、胡卫东同学的"专业"改为"电子信息"，然后单击任意单元格，如图 3-28 所示。

G10			✕ ✓ fx								
▲	A	B	C	D	E	F	G	H	I	J
1				2016级计算机班数学成绩						
2	学号	姓名	性别	专业	期中成绩	期末成绩	总评成绩			
3	090902	赵亮	男	计算机	87	90	89.40			
4	090906	李宏	男	电子信息	86	90	89.20			
5	090907	赵瑜	女	电子信息	78	87	85.20			
6	090901	王浩	女	计算机	76	80	79.20			
7	090904	张海冰	女	计算机	50	80	74.00			
8	090903	周静	女	计算机	88	60	65.60			
9	090905	胡卫东	男	电子信息	70	50	54.00			
10										
11										
12										

数学成绩　数学单项成绩　第1学期成绩

就绪　　　　　　　　　　　　　　　　100%

图 3-28　修改"专业"后的"数学成绩"表

（2）单击"插入"选项卡"表格"选项组中的"数据透视表"按钮，打开"创建数据透视表"对话框。

（3）在"创建数据透视表"对话框的"表/区域"编辑框中自动显示工作表名称和单元的引用。

（4）保持选中"新工作表"单选按钮，表示将数据透视表放在新工作表中，如图 3-29 所示。

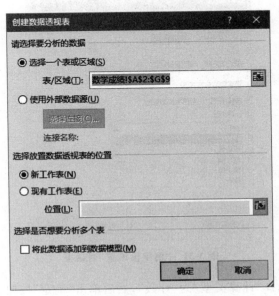

图 3-29　"创建数据透视表"对话框

（5）单击"确定"按钮，打开"数据透视表工具"对话框，如图 3-30 所示。

（6）在"数据透视表字段"窗格中将所需字段拖到相应位置：将"性别"字段拖到"列标"区域，将"专业"字段拖到"行"区域，将"性别"字段拖到"值"区域。

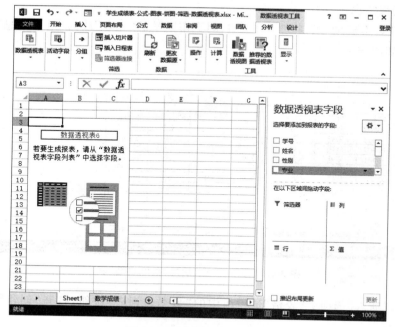

图 3-30 　"选择字段"对话框

（7）在"数值"区域，单击"性别"右侧下三角按钮，选择"值字段设置"选项，打开"值字段设置"对话框，如图 3-31 所示。

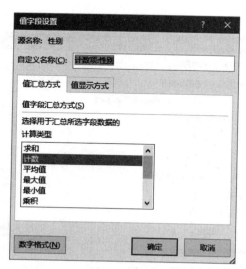

图 3-31 　"值字段设置"对话框

（8）在对话框中选择"计算类型"为"计数"，然后单击"确定"按钮。

（9）单击"确定"按钮，即可完成数据透视表的创建，效果如图 3-32 所示。

图 3-32 数据透视表

四、样张

1. "数学成绩"工作表,如图 3-33 所示。

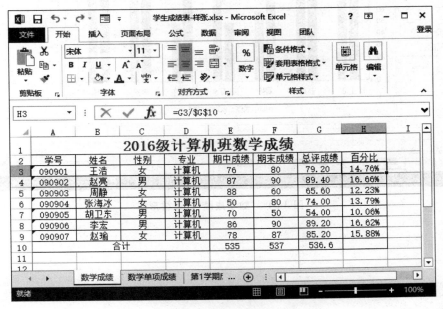

图 3-33 "数学成绩"工作表

2. "数学成绩"三维柱形图如图 3-34 所示，"总评成绩"二维饼图如图 3-35 所示。

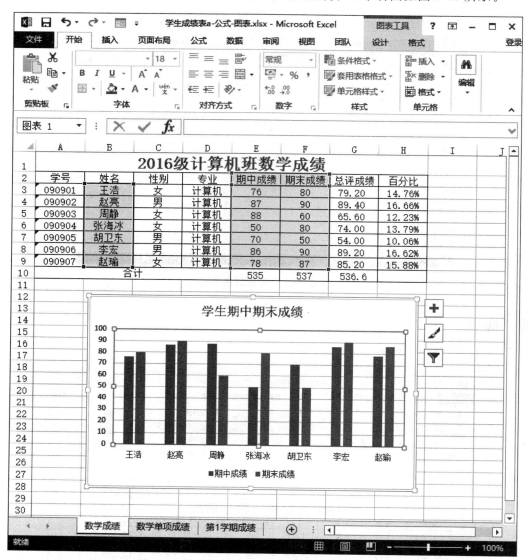

图 3-34 "数学成绩"三维柱形图

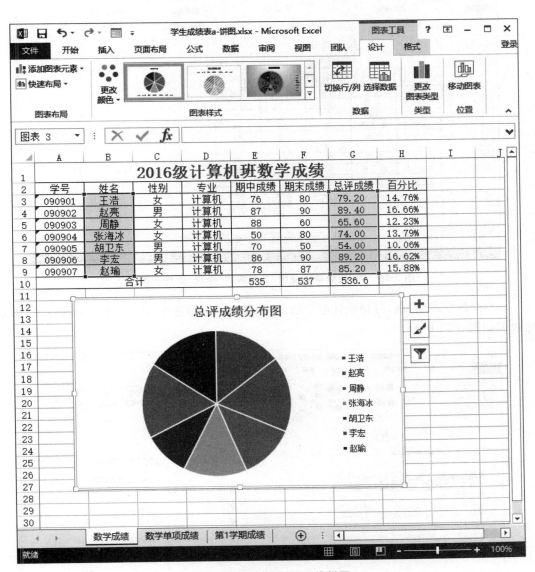

图 3-35　"总评成绩"二维饼图

3. 对"数学单项成绩"工作表，按"性别"进行分类汇总，如图 3-36 所示。

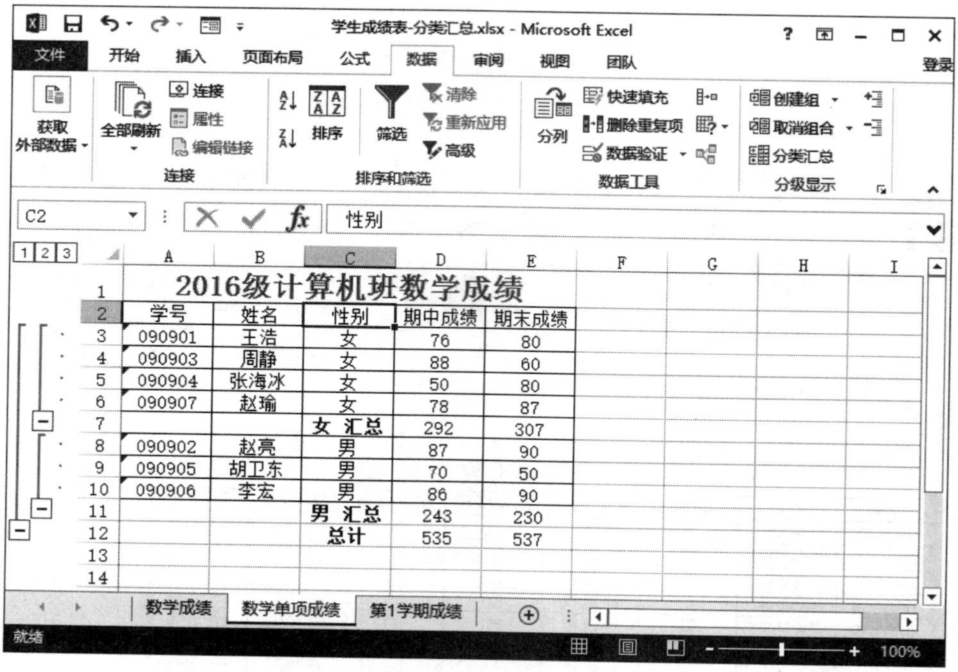

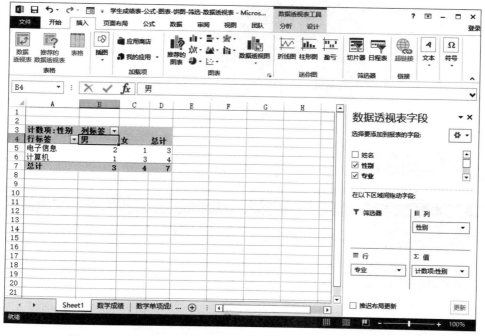

图 3-36 对"数学单项成绩"工作表按"性别"进行分类汇总

4. 对"数学成绩"表，分别统计电子信息、计算机两个专业中，男、女生各有多少人，数据透视表如图 3-37 所示。

图 3-37 对"数学成绩"表统计各个专业男、女生人数的数据透视表

3.4　Excel 综合测试

一、实验目的与要求

1．创建工作簿和工作表。

2．掌握 Excel 2013 的综合运用。

二、实验内容

1．建立一个工作簿名称为"职工工资表.xlsx"，并保存在 D：\MyFlie 下。

2．在"职工工资表.xlsx"文件中建立"1 月份工资"工作表。

3．标题格式设置：隶书、粗体、18 磅、双下画线、跨列居中。

4．数据格式设置

（1）表头中文字段名设置为：红色、黑体、14 磅、水平居中。

（2）各数值设置为：绿色、宋体、12 磅，水平居中。

5．利用数据记录单查找"王佳"的资料，将其插入批注"已经退休"。

6．工龄补贴的标准为 40 元/年，用公式计算工龄补贴。

7．用公式"应发工资＝基本工资＋工龄补贴—扣款"计算"应发工资"。

8．设置条件格式：将"应发工资"超过 3500 的记录设置为蓝色、斜体、加下画线。

9．插入一列标题为"实发工资"，数据填入扣税后的工资（使用地址的绝对引用）。

10．计算职工工资合计。

11．页面设置：左右页边距均为 2cm，上下页边距各 2.5cm，页面方向为"横向"，添加页眉"工资发放一览表"。

12．将"1 月份工资"工作表中的数据复制到新表中，工作表名为"工资记录"。

13．选择所有职工的"姓名"和"应发工资"制作饼图。

14．利用数据"基本工资"和"应发工资"生成所有职工的工资柱状图。

15．将"工资记录"设置为当前表，并将工资按高低排序。

16．对"工资记录"表，按照"性别"统计"基本工资"和"实发工资"的总和，利用分类汇总来解决。

17．对"工资记录"表，分别统计教师职称为教授、副教授、讲师的男、女人数各是多少人，利用数据透视表来实现。

18．将上面的结果保存在工作簿文件 zggz.xlsx 中。

三、样张

1．"1 月份工资"工作表，如图 3-38 所示。

2．对"工资记录"工作表按工资高低排序，如图 3-39 所示。

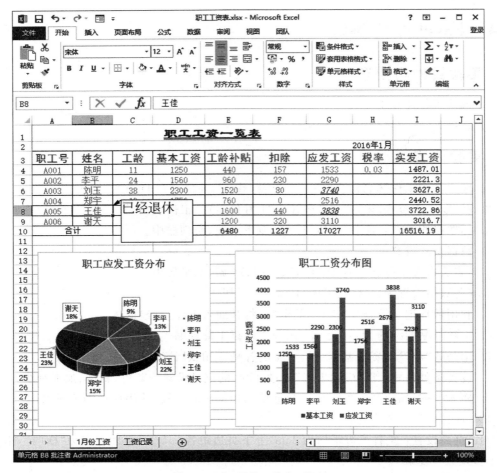

图 3-38 "1 月份工资"工作表

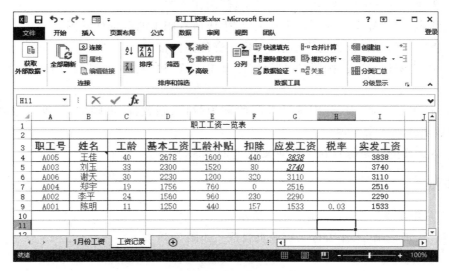

图 3-39 "工资记录"工作表

3. "职工工资"饼图,如图 3-40 所示。

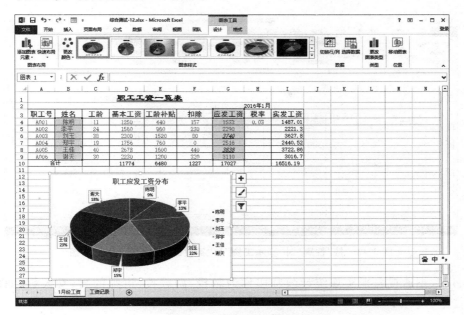

图 3-40　"职工工资"饼图

4. "职工工资"柱形图,如图 3-41 所示。

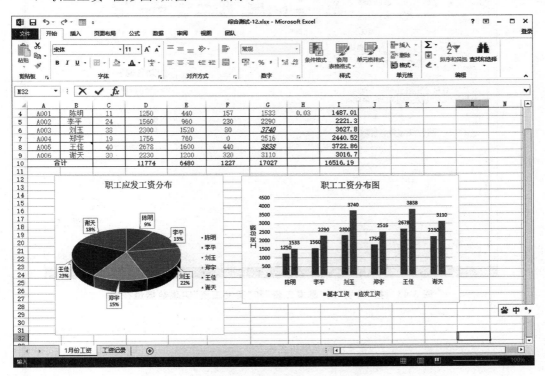

图 3-41　"职工工资"柱形图

5. 用分类汇总实现按"性别"统计"基本工资"和"实发工资"的总和,如图 3-42 所示。

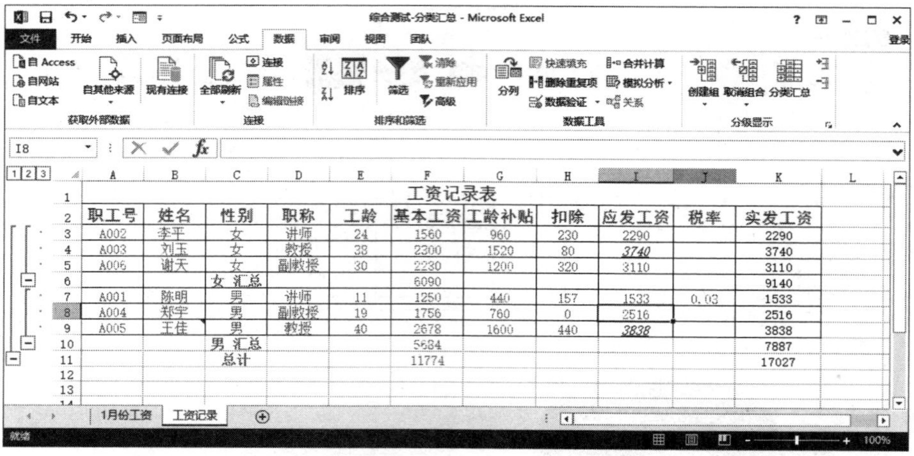

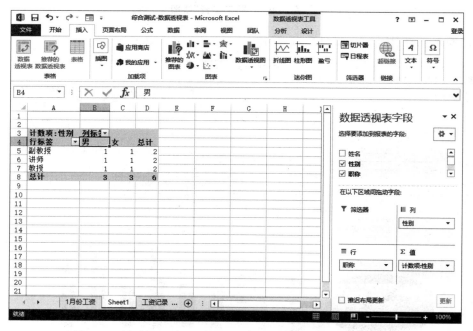

图 3-42   按"性别"对"基本工资"和"实发工资"实现分类汇总图

6. 用数据透视表来实现统计教师职称为教授、副教授、讲师的男、女人数,如图 3-43
所示。

图 3-43   按"性别"对"基本工资"和"实发工资"实现数据透视表

第 4 章

PowerPoint 2013软件实验

4.1 简单演示文稿的制作

一、实验目的与要求

1. 熟悉 PowerPoint 软件的工作环境。
2. 掌握演示文稿的新建、打开、保存和关闭。
3. 掌握幻灯片的编辑操作。
4. 掌握幻灯片的复制、删除、移动、插入等操作。
5. 掌握幻灯片设计、幻灯片版式设计。
6. 熟悉演示文稿不同视图模式的特点及使用。

二、实验内容

1. 新建一个空演示文稿，以自我介绍. ppt 为文件名保存到 D：\MyFile 文件夹。
2. 插入 3 张幻灯片，幻灯片的版式分别为标题幻灯片、标题和文本、标题和两栏文本。
3. 编辑幻灯片，内容如图 4-1 所示。

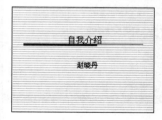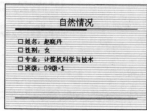

图 4-1　幻灯片内容

4. 幻灯片设计，选择幻灯片主题为"积分"。
5. 幻灯片格式设置。
第 1 张，标题字体为隶书，字号为 44，副标题字体为宋体，字号为 38。
第 2 张，标题字体为楷体，字号为 40，文本字体为宋体，字号为 32。
第 3 张，标题字体为宋体，字号为 40，文本字体为宋体，字号为 28。
6. 将第 2 张幻灯片复制一张放到最后一张的位置。
7. 删除第 2 张幻灯片。
8. 将幻灯片另存为文件"自我介绍 1. ppt"中。

三、操作提示

1. 新建一个空演示文稿,以"自我介绍.ppt"为文件名保存到 D：\MyFile 文件夹下。

顺序单击"文件"→"新建"→"空演示文稿",即创建了一个新建演示文稿。单击"保存"按钮,选择保存路径,输入文件名"自我介绍"即完成演示文稿的创建。

2. 插入 3 张幻灯片,幻灯片的版式分别为标题幻灯片、标题和文本、标题和两栏文本。

(1) 新创建的演示文稿默认只有第一张幻灯片,而一个演示文稿往往由很多张幻灯片组成,给演示文稿添加新幻灯片的方法有以下几种:

① 单击"插入"→"新建幻灯片"命令,选择所需要的版式。

② 在导航窗口选择插入新幻灯片的位置,单右击,在快捷菜单中选择"新建幻灯片"命令。

③ 单击已有幻灯片任何对象,按下 Ctrl＋Enter 键即可在该幻灯片的后面插入一张新幻灯片。

3. 编辑幻灯片。

只需选中要编辑的幻灯片,输入相关内容即可。

4. 幻灯片设计,选择幻灯片主题为"积分"。

单击"设计"选项卡,在"主题"选项组中选择"积分"主题,如图 4-2 所示。

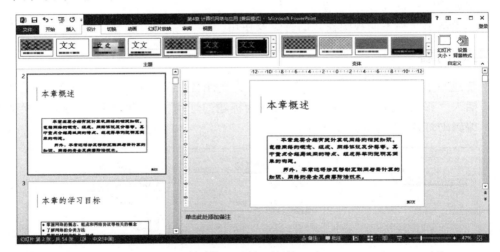

图 4-2 "主题"选项组

5. 幻灯片格式设置。

第 1 张,标题字体为隶书,字号为 44,副标题字体为宋体,字号为 38。

第 2 张,标题字体为楷体,字号为 40,文本字体为宋体,字号为 32。

第 3 张,标题字体为宋体,字号为 40,文本字体为宋体,字号为 28。

(1) 选中要设置格式的幻灯片。

(2) 单击"开始"选项卡,在"字体"选项组中单击对话框启动器按钮,打开"字体"对话框,如图 4-3 所示。

(3) 设置所需要的格式。

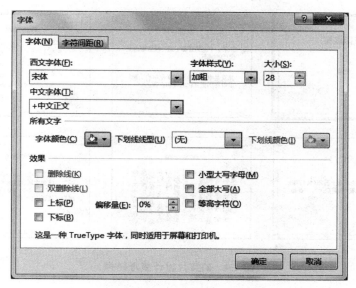

图 4-3　"字体"对话框

6. 将第 2 张幻灯片复制一张放到最后一张的位置。

（1）切换到幻灯片浏览视图下。

（2）单击选中第 2 张幻灯片，单击"复制"按钮。

（3）将光标定位到最后一张后面，单击"粘贴"按钮。

此外，还可以通过拖动的方法复制幻灯片或改变各幻灯片的先后顺序。

7. 删除第 2 张幻灯片。

选中第 2 张幻灯片，右击，在快捷菜单中选择"删除"命令或直接按 Delete 键。

8. 将幻灯片另存为文件"自我介绍 1.ppt"。

单击"文件"选项卡，选择"另存为"命令，然后输入新文件名即可。

4.2　演示文稿的处理与美化

一、实验目的与要求

1. 掌握图形、艺术字、图片、图表的插入方法。

2. 掌握音频与视频对象的插入方法。

3. 掌握组织结构图的制作方法。

4. 掌握使用应用设计模板和配色方案美化幻灯片的方法。

5. 学会使用母板控制整个演示文稿的版式设计。

二、实验内容

1. 创建一个演示文稿，以文件名"中国旅游.ppt"保存在 D：\MyFile 下，内容参考样式如图 4-4 所示。

2. 在第 1 张幻灯片右下角插入 1 张图片，设置合适的尺寸。插入一个以标题"中国旅

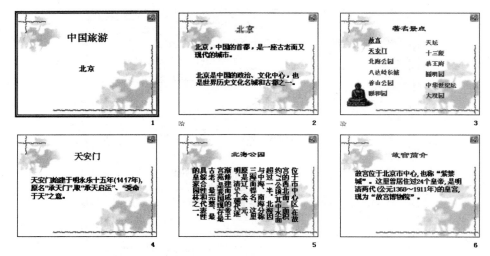

图 4-4　幻灯片设计参考样式

游"为内容的艺术字,艺术体字格式自选。

3. 在第 2 张幻灯片右下角插入 1 张图片,设置合适的尺寸,置于文字的下方。

4. 第 3 张幻灯片绘制一个椭圆,格式设置:填充色为浅黄色、线条为黑色、1.5 磅实线,环绕方式为"置于文字的下方",作为文字"著名景点"的背景,在幻灯片的右下角插入一张图片。并设置合适的尺寸。

5. 在第 4 张幻灯片上方插入一张天安门的图片,设置合适的尺寸,同时调整文本的位置。

6. 在第 5 张幻灯片的上方插入北海公园的图片,设置合适的尺寸。在幻灯片的右侧插入一个文本框,在文本框中输入文字"北海公园"并对其进行浅黄色填充,并设置三维效果(见样张)。

7. 在第 6 张幻灯片的右方插入一张故宫的图片,设置合适的尺寸。同时给文字"故宫简介"加边框和底纹。

8. 在第 6 张幻灯片中插入一个音频文件,文件自己选定。

9. 添加第 7 张新幻灯片,版式为组织结构图,按样张输入文字。

10. 对演示文稿应用不同设计模板,观察不同应用设计模板的修饰效果,并从中选择一种自己喜爱的方案。

11. 在幻灯片右上角绘制一个自选图形(见样张)作为标志,并将其设置为合适尺寸。

12. 以"中国旅游.ppt"为文件名将演示文稿保存到 D:\MyFile 下。

三、操作提示

1. 插入图片和格式设置。

(1) 单击"插入"选项卡,选择"图像"选项组,单击"图片"按钮,打开"插入图片"对话框,如图 4-5 所示。

(2) 选择图片所在文件夹并在显示的图像文件中选择所需要的图片,然后单击"插入"按钮,即可将图片插入到当前幻灯片中。

图 4-5　"插入图片"对话框

（3）选中插入后的图片，打开"图片工具—格式"选项卡，右击该图片，则打开"设置图片格式"窗格，如图 4-6 所示。

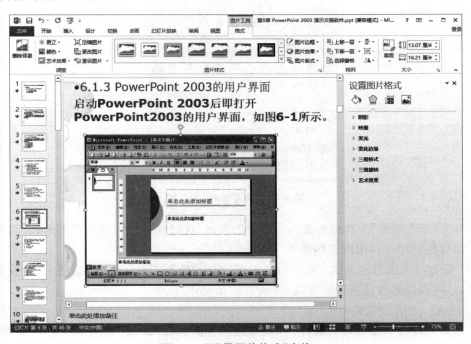

图 4-6　"设置图片格式"窗格

（4）使用选项卡中的命令按钮，可以设置图片的样式、排列方式、大小等，使用窗格中的命令可以设置图片的阴影、三维格式、艺术效果等。

2. 插入自选图形和格式设置

（1）单击"插入"选项卡,选择"插图"选项组,单击"形状"按钮,打开"自选图形"工具栏,如图 4-7 所示。

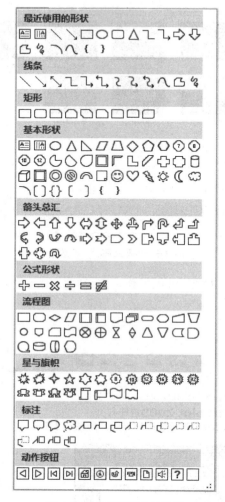

图 4-7 "自选图形"工具栏

（2）在"自选图形"工具栏中选择所需要的图形,这时鼠标指针变为十字形,在幻灯片中相应的位置拖动即可画出所需图形。

（3）设置自选图形的格式：选中自选图形,弹出"绘图工具—格式"选项卡,与设置图片格式类似,可以设置自选图形的样式、排列方式和尺寸。

3. 插入一个音频文件

如果插入自己事先选定的文件,可以如此操作：单击"插入"选项卡,选择"媒体"选项组,单击"音频"按钮,单击"PC 上的音频"命令,打开"插入音频"对话框,如图 4-8 所示,选择要插入的音频文件,然后单击"插入"按钮即可。

4. 应用设计模板美化演示文稿。

单击"设计"选项卡,在"主题"选项组中选择所需要的主题即可。

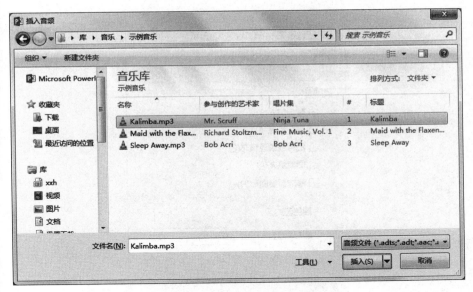

图 4-8　"插入音频"对话框

5．在幻灯片的右上角绘制自选图形作为标志。

为幻灯片设置统一标志的图形和文字，将在所有的幻灯片上显示。要完成对统一标志的图形和文字的编辑，其操作步骤是：选中幻灯片，单击"视图"选项卡，选择"母版视图"，单击"幻灯片母版"命令按钮，切换到幻灯片母版视图。在幻灯片的右上角插入标志图形并设置成合适的尺寸，然后关闭母版，如图 4-9 所示。

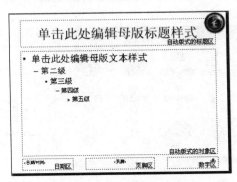

图 4-9　幻灯片母版

若要使幻灯片母版上添加的固定文字和各种图形将在每张幻灯片上显示，则需要在打开的设置"设置背景格式"窗格中，单击"全部应用"按钮，如图 4-10 所示。

6．添加第 7 张新幻灯片，版式为组织结构图，按样张输入文字。

（1）单击"插入"选项卡，选择"插图"选项组，单击 SmartArt 按钮，打开"选择 SmartArt 图形"对话框，如图 4-11 所示。

（2）在"层次结构"列表框中，选择所需要的结构图，可以将空白结构图插入到当前幻灯片中，如图 4-12 所示。

（3）在每个文本框内单击并且输入所需要的文字，可以完成组织结构图的设计，如果需

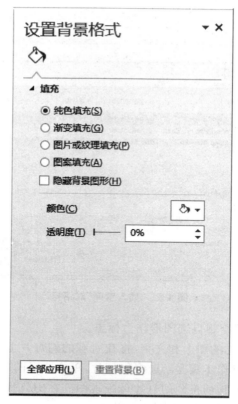

图 4-10　"设置背景格式"窗格

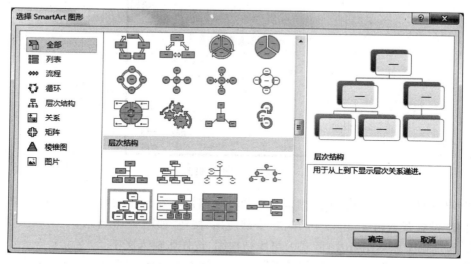

图 4-11　"选择 SmartArt 图形"对话框

要在某一层上增加分支,则在插入分支的位置上右击,在快捷菜单中选择"添加形状"命令,然后选择插入的位置,即可在指定的位置增加一个分支,如图 4-13 所示,分别在第二层和第三层增加了一个分支。

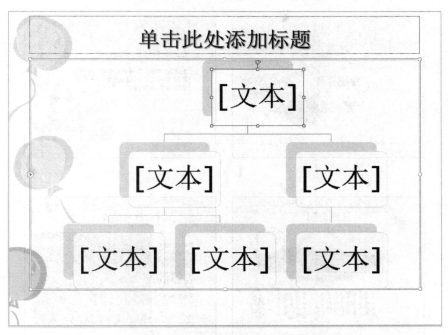

图 4-12　空白组织结构图

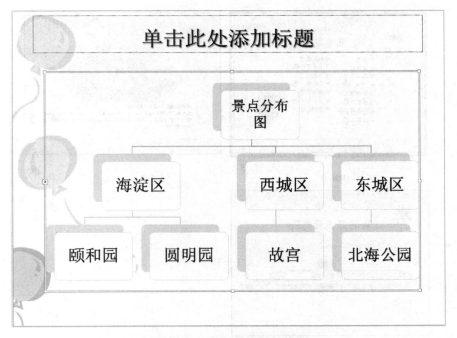

图 4-13　编辑后的组织结构图

四、样张

1

2

5

6

3

4

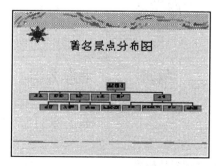

7

4.3　演示文稿的放映管理与打印

一、实验目的与要求

1. 掌握幻灯片动画效果及切换效果的设置方法。
2. 掌握幻灯片动作按钮的制作方法。
3. 掌握幻灯片交互动作的设置方法。
4. 掌握演示文稿放映、打包、打印的方法。

二、实验内容

重新打开"中国旅游 3.ppt"对幻灯片进行播放动画效果的设置。

1. 第 1 张幻灯片标题"中国旅游"的自定义动画效果为从"进入—飞入—左侧",声音为"风铃"效果,"北京"的动画效果为"进入—飞入—右侧",无声音。艺术字"中国旅游"动画效果为"强调—陀螺旋"。图片的动画效果为"进入—轮子"。动画先后顺序为标题→图片→艺术字,出现时间前后间隔为 2 秒。幻灯片切换效果为"盒状展开、右侧飞入"。

2. 第 2 张幻灯片的文字的动画效果为"进入—旋转",动画文本为"按字/词"。剪贴画的动画效果为"进入—随机线条"。动画先后顺序为文本→图片,间隔为 1 秒后自动启动。幻灯片切换效果为"垂直百叶窗"。

3. 第 3 张幻灯片标题"著名景点"的动画效果为"退出—擦除",文本的动画效果为"进入—形状",声音为"打字机"。动画顺序为标题→文本,单击鼠标出现,时间前后间隔为 1秒。幻灯片切换效果为"纵向棋盘式"。

4. 第 4 张幻灯片天安门图片的动画效果为"动作路径—菱形"。幻灯片切换效果为"盒状缩放、右侧飞入"。

5. 第 5 张幻灯片北海公园图片的动画效果为"强调—加深",文本"北海公园"的动画效果为"进入—缓慢进入"。动画先后顺序为图片→文本框,间隔为 1 秒后自动启动。幻灯片切换效果为"阶梯状、向右下展开"。

6. 第 6 张幻灯片故宫的图片的动画效果为"进入—阶梯状",方向为"右下"。文字"故宫简介"的动画效果为"进入—扇形展开",动画顺序为文本→图片。幻灯片切换效果为"横向棋盘式"。

7. 第 7 张新幻灯片的切换效果为"从屏幕中心放大"。

8. 在幻灯片右下角插入前、后翻页按钮。

9. 将第 3 张幻灯片的文字"天安门"链接至第 4 张幻灯片,将第 3 张幻灯片的文字"故宫"接至第 6 张幻灯片,将第 7 张幻灯片的文字"著名景点"链接至第 3 张幻灯片。

10. 使用排练计时播放演示文稿。各张幻灯片播放时间设置如表 4-1 所示。

表 4-1　每张幻灯片的播放时间

第 1 张	第 2 张	第 3 张	第 4 张	第 5 张	第 6 张	第 7 张
6 秒	15 秒	8 秒	12 秒	9 秒	12 秒	17 秒

11. 分别使用全屏幕、观众自行浏览、在展台浏览方式播放演示文稿。观察不同放映方式的特点。

12. 将演示文稿打包到磁盘,然后在另一台计算机上解包、播放。

13. 设置幻灯片的大小为 24cm×18cm,横向,讲义横向打印,然后打印一份演示文稿。

三、操作提示

1. 为幻灯片设置动画效果。

(1) 首先选择对象,然后单击"动画"选项卡,选择"高级动画"选项组,单击"添加动画"按钮★,打开"动画"列表,如图 4-14 所示。

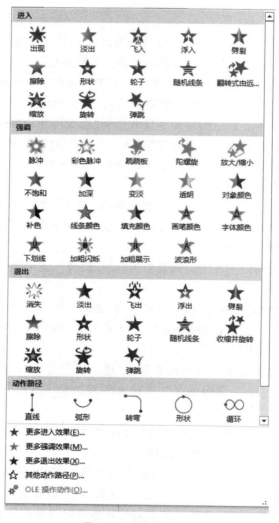

图 4-14 "动画"列表

(2) 可以对选中的对象设置"进入""强调""退出"和"动作路径"四种动画。在对应的区域内,选择动画方式即可。

(3) 如果需要设置声音和时间间隔,则右击已设置动画效果的对象,选择"旋转"命令,打开"旋转"对话框,如图 4-15 所示。在"效果"选项卡中可以进行声音设置,在"计时"选项卡中可以进行时间间隔设置。

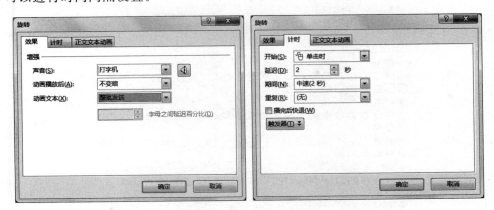

图 4-15　"旋转"对话框

2. 设置幻灯片切换效果。

单击"放映"选项卡,使用"切换到此幻灯片"选项组中的命令按钮可以设置幻灯片切换的动画效果,使用"计时"选项组中的命令按钮可以设置声音、时间间隔、换片方式以及应用范围,如图 4-16 所示。在列表中选择所需要的效果选项,若需要还可以设置切换速度、声音以及换片方式。

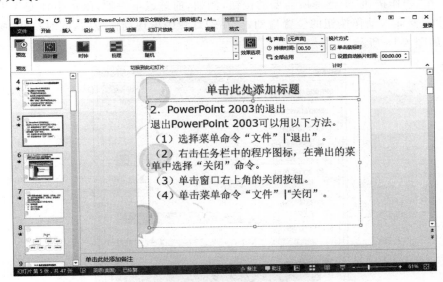

图 4-16　"幻灯片切换"窗格

3. 在幻灯片中插入前、后翻页按钮。

利用动作按钮可以进行幻灯片之间的切换,或插入其他对象,如声音、文档等。插入动作按钮的步骤如下。

(1) 单击"插入"选项卡,选择"插图"选项组,单击"形状"按钮,打开形状列表,如图 4-17 所示。

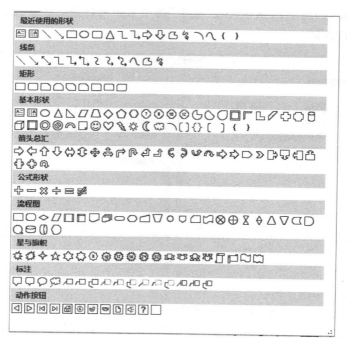

图 4-17　形状列表

　　（2）在"动作按钮"中选择所需要的按钮，例如，前进或下一项，鼠标指针变为十字形状，在幻灯片需要插入动作按钮的位置拖动，会在幻灯片中出现动作按钮，同时打开"操作设置"对话框，如图 4-18 所示。

图 4-18　"操作设置"对话框

　　（3）单击"单击鼠标"选项卡，在"超链接到"下拉列表框中选择链接的幻灯片，还可以设置"播放声音"，然后单击"确定"按钮。

4．设置放映方式。

播放演示文稿,可以使用菜单"幻灯片放映"→"观看放映"命令进行播放,在播放前可以设置放映方式,只需单击"幻灯片放映",选择"设置",单击设置"放映方式"按钮,打开如图 4-19 所示的对话框。然后设置放映类型、放映选项、幻灯片放映范围、换片方式以及绘图笔颜色等。

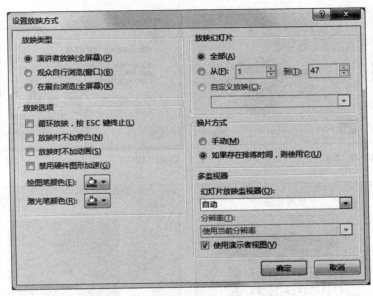

图 4-19　"设置放映方式"对话框

5．将演示文稿打包到磁盘。

用户可以将制作好的演示文稿打包成 CD,从而在其他没有安装 PowerPoint 软件的计算机上进行幻灯片放映。

单击"文件"→"导出"命令,打开"导出"窗格,如图 4-20 所示。单击"将演示文稿打包成 CD",打开"打包成 CD"窗格。

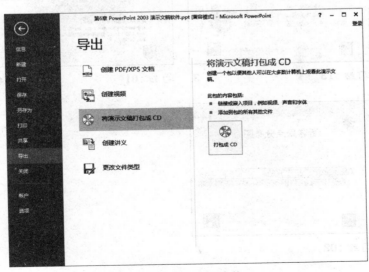

图 4-20　"导出"窗格

单击"打包成 CD"按钮，在打开的对话框中进行相关设置。打包完成后，会自动打开包含打包文件的文件夹。

四、样张

:04   1

:03   2

:13   3

:01   4

:02   6

:02   7

4.4　PowerPoint 综合测试

一、实验目的与要求

1. 综合运用 PowerPoint 软件制作演示文稿的各种编辑功能。
2. 熟练掌握幻灯片、演示文稿的各类操作方法。

二、实验内容

1. 以自己的个人信息为内容，新建一个自我介绍的演示文稿，由 3 张幻灯片组成（见样张），以"**个人简介.ppt**"为名保存到 D：\MyFile 文件夹下。

2. 第 1 张幻灯片输入标题"个人简介"。

3. 第 2 张幻灯片输入个人的基本情况信息。

4. 在第 3 张幻灯片输入个人经历，并用项目符号标注每一项经历。

5. 应用一种自己喜爱的设计模板对演示文稿进行修饰。

6. 在各张幻灯片的下方插入前、后翻页按钮。

7. 为所建立的自我介绍的演示文稿插入幻灯片编号，字号 16 磅，放在幻灯片的右下方，同时插入演示文稿建立的日期，字号 16 磅，放在幻灯片的左下方（见样张）。

8. 创建一个自己所就读学校的大学专业介绍的演示文稿，由 3 张幻灯片组成（见样张），以"**大学专业.ppt**"为名保存到 D：\MyFile 文件夹下。

9. 第 1 张幻灯片输入标题"大学专业"。

10. 第 2 张幻灯片输入个人所在大学的所学专业的基本情况介绍。

11. 在第 3 张幻灯片输入个人所在大学的其他专业的基本情况介绍。

12. 应用一种自己喜爱的设计模板对演示文稿进行修饰。

13. 在各张幻灯片的下方插入前、后翻页按钮。

14. 为所建立的大学专业介绍演示文稿插入幻灯片编号，字号 16 磅，放在幻灯片的正下方（见样张）。

15. 分别为建立的两个演示文稿的各张幻灯片设置动画效果和幻灯片切换效果。

16. 创建一个"个人综合成绩单.doc"文档，输入个人综合成绩，并保存到 D：\MyFile 文件夹下（见样张）。

17. 将"个人简历"演示文稿的第 2 张幻灯片的文字"学校、专业、"链接至"大学专业"演示文稿第 1 张幻灯片，将"个人简历"演示文稿的第 3 张幻灯片的文字"附成绩单"链接至"个人综合成绩单.doc"文档。将"个人简历"演示文稿的第 3 张幻灯片的后翻页按钮链接至"大学专业"演示文稿的第 1 张幻灯片。

18. 将"大学专业"演示文稿第 1 张幻灯片的前翻页按钮链接至自我介绍的演示文稿第 3 张幻灯片，将大学专业介绍演示文稿第 3 张幻灯片后翻页按钮链接至"个人简历"演示文稿的第 1 张幻灯片。

19. 分别以普通、幻灯片、大纲、浏览、放映视图方式查看修饰后的演示文稿。

20. 分别使用全屏幕、观众自行浏览、在展台浏览、循环放映、排练计时的方式播放演示文稿。

三、样张（数据自拟）

1. 个人简介.ppt

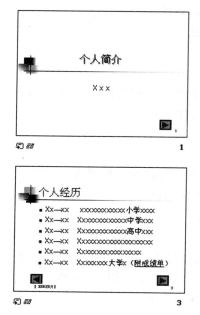

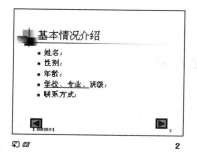

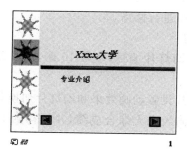

2. 大学专业.ppt

3. 个人综合成绩单（数据自拟）

个人综合成绩单

学　年		科　目	成　绩	性　质	备　注
Xx—xxx	第一学期	高 数	87	必修	第八名
		英 语	78	必修	
		大 物	76	必修	
		法 律	88	必修	
	第二学期	X x	X x		
		X x	X x		
		X x	X x		
		X x	X x		
Xx—xxx	第一学期	X x	X x		
		X x	X x		
		X x	X x		
	第二学期				

第5章

计算机网络基础实验

5.1 网 络 基 础

一、实验目的与要求

1. 掌握并了解计算机网络的配置方法。
2. 熟悉和掌握检查网络连通性的操作。

二、实验内容

1. 查看网络的配置情况。
2. 使用 ping 命令用来检测网络中设备的连通性。

三、操作提示

当硬件连接好后,可以使用 ping 命令和 ipconfig 命令对网络进行测试。

1. 查看网络的配置情况。

ipconfig 的作用是当网络出现故障时使用的重要命令,一般用于检查 TCP/IP 协议的设置情况。用 ipconfig 查看当前网络配置情况并做相应的记录。

(1) 进入"命令提示符"界面,运行 ipconfig/all 命令,如图 5-1 所示。

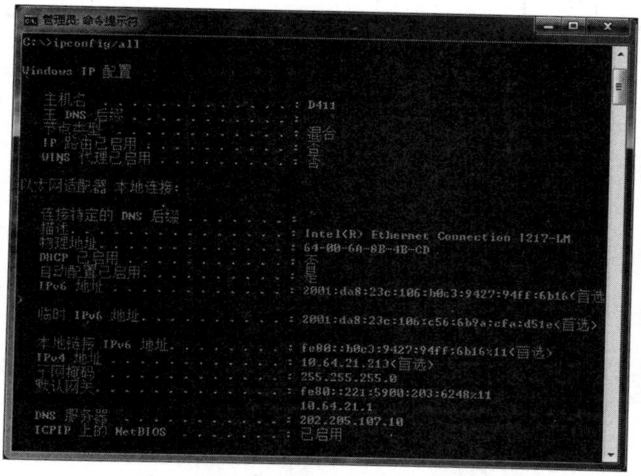

图 5-1 运行 **ipconfig/all** 命令的界面

图 5-10 利用百度进行搜索"冬奥会会标"的网页

2. 电子邮件的收发。

(1) 登录网易 http://www.163.com 或新浪 http://www.sina.com,申请一个电子邮箱。

(2) 登录到电子邮箱,查看电子邮箱中的各个文件夹的内容,并发送一封邮件到朋友的邮箱,内容自定。

参 考 文 献

[1] 姜永生.大学计算机基础(Windows10+Office2013)[M].北京：高等教育出版社,2015.

[2] 陈捷.计算机应用基础—Windows8+Office2013[M].北京：高等教育出版社,2015.

[3] 李翠梅,曹凤华.大学计算机基础—Windows7+Office2013 实用案例教程[M].北京：清华大学出版社,2014.

[4] 杨宏,黄杰,施一飞.实用计算机技术(Windows7+Office2013)[M].北京：人民邮电出版社,2014.

[5] 陈树平,马玉洁,王春霞.大学计算机基础[M].北京：电子工业出版社,2014.

[6] 刘勇.大学计算机基础[M].北京：清华大学出版社,2011.

[7] 徐秀花.李业丽,解凯.大学计算机基础[M].北京：人民邮电出版社,2012.

[8] 隋庆茹,韩智慧,刘小彦.大学计算机基础教程[M].北京：中国水利水电出版社,2014